COLÉOPTÈRES DU BASSIN DE LA SEINE

STAPHYLINOIDEA

SOCIÉTÉ ENTOMOLOGIQUE DE FRANCE
[PUBLICATIONS HORS SÉRIE]

FAUNE

DES

COLÉOPTÈRES DU BASSIN DE LA SEINE

Tome II

STAPHYLINOIDEA

PAR

J. SAINTE-CLAIRE DEVILLE

PARIS
SOCIÉTÉ ENTOMOLOGIQUE DE FRANCE
28, RUE SERPENTE

AVANT-PROPOS

Ce nouveau volume est destiné à prendre place dans la *Faune du Bassin de la Seine* de L. Bedel, dont il formera le tome II (¹). Qu'il me soit permis de remercier tout d'abord mon maître et ami du grand honneur qu'il m'a fait en me confiant la rédaction d'une partie de cette œuvre, dont les trois volumes déjà parus sont pour moi un guide précieux en même temps qu'un modèle inimitable.

Le plan général de l'ouvrage a été scrupuleusement respecté ; néanmoins, sur le conseil de M. L. Bedel, une modification assez importante a été introduite dans ce volume : à l'exemple de la disposition adoptée dans le *Catalogue raisonné des Coléoptères du Nord de l'Afrique* du même auteur, les indications géographiques, au lieu d'être réunies en un seul bloc pour chaque famille, suivent immédiatement le tableau descriptif du genre auquel elles se rapportent. Enfin j'ai cherché, en vue d'alléger le texte, à réduire au strict nécessaire les indications bibliographiques et synonymiques. Elles sont, en principe, remplacées par les citations abrégées de deux ouvrages fondamentaux, la *Faune Gallo-Rhénane* de A. Fauvel (tome III) et la seconde partie du manuel magistral de L. Ganglbauer, *Die Käfer von Mitteleuropa*. Il n'a été fait d'exception à cette règle que pour certains noms très connus et encore usités, pour les insectes décrits d'une des localités du bassin de la Seine et enfin dans le cas très rare où la nomenclature adoptée n'est celle d'aucun des deux ouvrages précités.

La famille des *Staphylinidae,* en raison de la multitude des espèces de certains genres et de leur uniformité d'aspect, passe à tort ou à raison pour une des plus difficiles de l'ordre des Coléoptères ; c'est peut-être en réalité l'une des mieux étudiées et des mieux connues. Elle a eu cette heureuse fortune que presque tous les ouvrages de quelque importance publiés depuis Erichson sur les Staphylins européens sont l'œuvre de savants de très grand mérite, et se complètent sans trop de confusion. De plus, dans les trente dernières années, la synonymie des Staphylinides a été considérablement éclaircie et leur catalogue assaini et fixé par A. Fauvel, à qui nous sommes redevables de la suppression d'un grand nombre d'espèces nominales. Sur des

(1) Ce sera en réalité le quatrième volume dans l'ordre de publication.

insectes tant de fois et si bien décrits, il est devenu bien difficile de découvrir des caractères encore inaperçus ou inutilisés; on ne sera donc pas étonné de ne trouver dans ce travail rien ou presque rien qui soit original ou inédit.

La partie géographique, à laquelle j'aurais surtout désiré fournir un contingent important de renseignements nouveaux, n'offrira pas non plus tout ce qu'on aurait pu espérer à cet égard. En dehors des environs immédiats de Paris, de la Normandie, si bien explorée par M. Fauvel, de quelques localités privilégiées telles que les forêts de Compiègne et de Fontainebleau, à part encore certains départements où les recherches des naturalistes locaux ont été très actives, la plus grande partie du bassin de la Seine est assez mal connue au point de vue spécial des Staphylinides. Des régions étendues, telles que le Boulonnais, l'Argonne, le Barrois, le Morvan, le Gâtinais, ont été délaissées à ce point que je n'en puis citer, pour ainsi dire, aucune capture de quelque intérêt. Malgré ces lacunes, le présent travail comprend, à très peu près, toutes les espèces qui peuvent se rencontrer dans nos limites; j'aurai d'ailleurs toujours soin de faire figurer dans les tableaux celles dont la future découverte dans le bassin de la Seine paraît le plus probable.

C'est dans le domaine de l'observation des mœurs et de la biologie qu'il reste le plus à faire dans l'étude de nos Staphylins; on peut même dire que ce chapitre de leur histoire n'est qu'ébauché. La chose n'a rien de surprenant, car les recherches de cette nature concernant les insectes carnivores offrent de bien plus grandes difficultés que celles qui ont trait aux insectes phytophages. L'exemple des Staphylinides myrmécophiles et le peu que nous savons des habitudes très spéciales de certaines espèces, telles que le *Velleius dilatatus*, l'*Aleochara cuniculorum*, l'*Haploglossa nidicola*, etc., nous conduit à penser que nombre d'entre elles, considérées comme rares, doivent être singulièrement exclusives dans le choix de leur proie, et que les conditions précises de leur existence nous sont encore inconnues. La liste des Staphylinides dont le développement est indirectement lié à la présence d'autres animaux, tels que les Hyménoptères sociaux et les Mammifères habitant des terriers, est certainement destinée à s'augmenter plus tard à la suite de nouvelles observations. Je me reprocherais de ne pas attirer sur ce point l'attention des entomologistes, et je souhaite que, d'ici à l'achèvement de ce travail, leur bienveillante collaboration me permette de faire connaître quelques faits nouveaux dans cet ordre de recherches si intéressant.

Ailes inférieures dépourvues de nervures transversales ; branche supérieure de la nervure médiane naissant seulement à partir du pli, et souvent non prolongée jusqu'à la branche principale. Sutures gulaires non confondues. Suture pleurale du prothorax distincte. Antennes de structure très variable, parfois irrégulière, mais jamais en massue feuilletée. Tarses composés d'un nombre d'articles très variable (¹).

Larves campodéiformes ou se rapprochant du type campodéiforme, jamais vermiformes ni éruciformes.

Les *Staphylinoidea* comprennent une série de familles d'importance très inégale : *Staphylinidae, Pselaphidae, Scydmaenidae, Silphidae, Clambidae, Leptinidae, [Platypsyllidae], Corylophidae, Sphaeriidae, Trichopterygidae, [Hydroscaphidae], Scaphidiidae* et *Histeridae*.

L'ensemble de ces familles est représenté dans le bassin de la Seine par un nombre total d'espèces qu'on peut évaluer à plus du quart de la faune coléoptérique totale de la région.

1ʳᵉ Famille. **STAPHYLINIDAE** (²).

Erichson, Genera et Species Staphylinorum, 1839. — Kraatz, Naturgeschichte der Insekten Deutschlands, II, 1856-1858. — Thomson, Skandinaviens Coleoptera, I, 1859 ; II, 1860 ; IX, 1867. — Fauvel, Faune Gallo-Rhénane, III, 1872-1875. — Rey ap. Mulsant, Histoire naturelle des Coléoptères de France, Brévipennes, 1874-1883. — Ganglbauer, Die Käfer von Mitteleuropa, II, 1895.

(1) Aux caractères extérieurs qui précèdent, on peut joindre les caractères anatomiques suivants :

Tubes de Malpighi au nombre de quatre. ♂, testicules composés et disposés en grappe ; ♀, groupes d'ovules des ovaires non séparés par des groupes de cellules vitellogènes intercalées.

Cette définition du sous-ordre *Staphylinoidea* est empruntée à l'étude magistrale de L. Ganglbauer sur la systématique générale des Coléoptères (*Münchener Koleopterologische Zeitschrift*, 1, p. 271-319).

(2) Les anciennes dénominations de Brachélytres (Latreille) et de Brévipennes (Mulsant et Rey) sont exactement synonymes de *Staphylinidae*.

Élytres en général raccourcis. Les deux premiers segments abdominaux seuls membraneux en dessus, les suivants plus ou moins
cornés, même dans le cas où les élytres sont prolongés sur presque
tout l'abdomen. Segments abdominaux libres, mobiles les uns par
rapport aux autres. Antennes en général de 11 articles, rarement
de 10, parfois de 9 articles apparents. Tarses composés d'un nombre
d'articles extrêmement variable (¹).

Larves appartenant de plus ou moins près au type campodéiforme,
en général carnivores.

Sous-Familles (²).

1. Prothorax creusé sur sa face inférieure de sillons rece-
vant les antennes à l'état de repos. Antennes de 9 articles, le dernier très développé, formant bouton terminal.
Hanches postérieures largement séparées. Tous les
tarses de 3 articles. — Élytres munis de côtes longitudinales en nombre variable.......... **1. Micropeplidae.**

(1) Chez les *Staphylinidae*, comme chez les *Silphidae*, les ganglions ner-
veux abdominaux sont séparés et disposés en chaine allongée, et non réunis
en un seul complexus comme chez les *Scaphidiidae* et les *Histeridae*.

(2) Le tableau qui suit est à peu près la reproduction de celui de Ganglbauer
(*loc. cit.*, p. 15). De propos délibéré, je me suis interdit dans le présent travail toute innovation concernant la classification générale des *Staphylinidae*,
convaincu que rien de sérieux ne peut être tenté dans cette voie sans une
connaissance approfondie des formes exotiques, que seul peut avoir un mono-
graphe. En réalité la classification actuelle ne paraît pas définitive. L'existence
parmi les *Staphylinidae* d'un assez grand nombre de types isolés et aber-
rants a conduit la plupart des auteurs à multiplier le nombre des divisions
primaires de la famille; la tendance actuelle semble être de grouper peu à
peu les anciennes tribus, de manière à obtenir une division plus simple,
sinon plus naturelle. C'est ainsi qu'en 1882 Sharp (*Biologia Centrali-Ame-
ricana*, I) réunit en un groupe unique les *Oxytelini*, *Piestini*, *Phloecharini*
et *Proteinini* d'Erichson; en 1895, Ganglbauer (*loc. cit.*, p. 14) adopte la
même manière de voir et renforce le même groupe des *Homaliini*; il laisse
même entrevoir la possibilité d'un pareil groupement pour ses sous-familles
Aleocharidae, *Trichophyidae*, *Habroceridae* et *Tachyporidae*. Dans le
même ordre d'idées, on adoptera peut-être plus tard la réunion en une seule
section des *Paederidae* et des *Staphylinidae* s. str., en faveur de laquelle
on pourrait faire valoir des arguments de même ordre et sans doute moins
discutables encore (similitude des premiers états, faible importance du caractère distinctif des *Paederidae*, déjà apparent chez les *Cafius*, etc.).

— Prothorax sans sillons antennaires. Antennes de 11 articles,
    rarement de 10, jamais terminées en bouton. . . . .   **2.**

2. Hanches postérieures (¹) coniques, presque toujours saillan-
    tes, peu développées latéralement. . . . .   **3.**

— Hanches postérieures transverses, peu saillantes; l'une au
    moins de leurs faces prolongée en une bande transver-
    sale parallèle au bord postérieur du métasternum. . . . . .   **6.**

3. Hanches postérieures largement séparées. Antennes parais-
    sant insérées sur le bord antérieur du front. Yeux gros,
    très saillants. Dernier article des palpes extrêmement
    petit, subulé. . . . .   **4. Stenidae.**

— Hanches postérieures contiguës ou très rapprochées. . . . . .   **4.**

4. Hanches postérieures peu saillantes. Tous les tarses de

---

(1) En raison de l'importance du caractère présenté par la structure des
hanches postérieures, il importe de préciser la nomenclature adoptée ici pour
leur description.

Abstraction faite de ses faces latérales et de son insertion sur le métaster
num, la hanche postérieure d'un Staphylin du groupe des *Oxytelidae* comprend trois faces principales, limitées par des arêtes de séparation et aisé-
ment discernables : une face ventrale (*Innenlamelle* des auteurs allemands),
apparente lorsqu'on examine l'insecte par dessous; une face dorsale appliquée
contre la base de l'abdomen; enfin une tranche postérieure assez étroite,
presque perpendiculaire au plan du corps et apparente surtout lorsqu'on re-
garde l'insecte par l'arrière; cette tranche postérieure (*Aussenlamelle*), la
plupart du temps concave, limite en avant le mouvement du fémur.

Chez les *Staphylinidae* s. str. et les *Paederidae*, les deux faces, au lieu
d'être transversales, sont triangulaires et saillantes en arrière et la tranche
postérieure, beaucoup plus développée en raison de l'épaisseur de la hanche,
se trouve en grande partie tournée vers l'extérieur (d'où le nom d'*Aussenlamelle*).

En passant aux *Aleocharidae* et aux *Tachyporidae*, la hanche postérieure
subit un extrême aplatissement et une modification toute différente : la face
ventrale est très réduite, surtout vers l'extérieur, tandis que la face dorsale,
au contraire, prend un très grand développement et la déborde de beaucoup; de
sorte que l'ancienne tranche postérieure des *Oxytelidae* se transforme ici en
une large surface, à peu près parallèle au plan du corps et légèrement concave, sur laquelle glisse le fémur.

Enfin, chez l'*Habrocerus capillaricornis*, toute trace de face ventrale a
entièrement disparu, et la hanche postérieure présente l'aspect d'une simple
lame dont la page inférieure est la transformation de l'ancienne tranche postérieure du type étudié en premier lieu.

quatre articles. (Taille ne dépassant pas 2 mill.).......
.... 5. **Evaesthetidae**.

— Hanches postérieures saillantes. Tarses de 5 articles (¹)...   5.

5. Antennes insérées à découvert....... 7. **Staphylinidae** s. str.

— Antennes insérées sous une saillie du bord antérieur du
front.............................. 6. **Paederidae**.

6. Antennes insérées sous une saillie ou un bourrelet du bord
latéral du front. Face dorsale des hanches postérieures
non particulièrement développée, leur tranche postérieure verticale ou très déclive......................   7.

— Antennes insérées à découvert. Hanches postérieures très
aplaties, leur face ventrale très réduite, surtout latéralement, leur face dorsale très développée, raccordée avec
la face ventrale par une surface à peu près parallèle au
plan du corps.....................................   8.

7. Front plus ou moins prolongé en avant des yeux. Palpes
labiaux normaux. Hanches intermédiaires contiguës ou
rapprochées......................... 2. **Oxytelidae**.

— Front brusquement tronqué à hauteur du bord antérieur
des yeux. Dernier article des palpes labiaux énorme, en
forme de croissant. Hanches intermédiaires très écartées.............................. 3. **Oxyporidae**.

8. Élytres munis d'un repli épipleural distinct et limité par
une arête cariniforme................ 8. **Tachyporidae**.

— Élytres sans repli épipleural distinct..................   9.

9. Antennes insérées au bord interne des yeux; antennes jamais capillaires..................... 10. **Aleocharidae**.

— Antennes insérées en avant des yeux; antennes capillaires.
.... 9. **Trichophyidae**.

---

(1) Exceptionnellement de 4 articles aux deux paires antérieures dans le
genre *Tanygnathus* Er., non encore observé dans les limites du bassin de la
Seine.

1re Sous-Famille. **MICROPEPLIDAE.**

Tribu **Micropeplini.**

1. Genre **Micropeplus** Latr., 1809.

Synopsis : Reitter in Deutsche Ent. Zeitschr. [1885], 365-367.

Métam. : Lubbock in Trans. Ent. Soc. Lond. [1868], p. 275, tab. 23.

Le genre *Micropeplus* forme, avec un ou deux genres américains, un petit groupe très aberrant qui a été souvent considéré comme une coupe de valeur équivalente à l'ensemble des autres Staphylinides, ou même rejeté parmi les Nitidulides. Ses espèces, médiocrement nombreuses, sont répandues à peu près exclusivement dans les parties froides et tempérées de l'hémisphère boréal.

Les *Micropeplus* se trouvent, souvent par petits groupes, dans les débris végétaux en décomposition, les fagots, les vieilles souches; après les journées chaudes, ils volent le soir au coucher du soleil ou grimpent sur les plantes basses.

Chez les ♂, le dernier sternite (1) abdominal est plus ou moins

(1) A l'exemple de Ganglbauer (*Käf. v. Mitteleur.*, IV, p. 6, note), je désignerai par tergites abdominaux (ou simplement tergites) les segments dorsaux et par sternites abdominaux (ou simplement sternites) les segments ventraux de l'abdomen. Suivant la convention proposée par le même auteur pour tous les Coléoptères (loc. cit.; cf. vol. III, p. 7), je numéroterai tergites et sternites indépendamment de leurs positions réciproques et de toute théorie sur la structure morphologique de l'abdomen.

Chez les *Staphylinidae*, le premier tergite, non corné et divisé en deux lobes plaqués sur le métasternum, est toujours caché sous les élytres; le second, souvent encore en partie membraneux, n'est apparent que chez les espèces très brachyptères ou chez les individus dont l'abdomen est distendu artificiellement. Dans la majeure partie de la famille, ces deux segments sont réduits à leur face dorsale et le 3e segment est le premier qui fasse le tour complet de l'abdomen; en conséquence le 1er sternite se trouve être la face ventrale du 3e tergite. Par exception, chez les *Oxytelidae* et les *Leptotyphlidae*, la face ventrale du 2e segment abdominal existe, bien que réduite, en sorte que le 1er sternite correspond au 2e tergite.

Les deux principaux ouvrages parus en France sur les Staphylinides emploient pour le compte des segments abdominaux des méthodes un peu différentes. Le système admis par Rey diminue de deux unités le rang des tergites, cet auteur laissant de côté les deux segments cachés par les élytres; il est échancré et les tibias sont presque toujours munis d'une petite dent à leur bord interne; la tranche antérieure de l'épistome est parfois plus ou moins prolongée en une dent médiane.

Espèces.

1. Repli des élytres dépourvu de côte longitudinale. Élytres portant deux côtes dorsales entre la côte suturale et la côte humérale. Intervalles des côtes lisses. Insecte ramassé; pronotum très transverse. — Long. 1,5 mill... .... **4. tesserula** Curt.

— Repli des élytres portant une fine côte longitudinale entre la côte latérale et la côte humérale. Intervalles des côtes très distinctement ponctués. — Long. 2-2,5 mill...... 2.

2. Élytres portant trois côtes dorsales entre la côte humérale et la côte juxtasuturale. Métasternum unisillonné. Hanches postérieures assez écartées. Coloration normale d'un noir profond.................... **1. porcatus** Fabr.

— Élytres portant seulement les deux côtes dorsales normales entre la côte humérale et la côte juxtasuturale. Métasternum creusé de trois sillons parallèles. Hanches postérieures assez rapprochées .... 3.

3. Élytres courts, très transverses, à peine déprimés le long du bord postérieur. Carène médiane de l'abdomen prolongée sur le bord postérieur du 6e tergite (4e apparent) en une forte dent saillante en arrière. Vertex marqué d'un sillon médian entre deux protubérances lisses.... .... **3. staphylinoides** Marsh.

d'accord avec le nôtre pour le numérotage des sternites, sauf pour les *Oxytéliens* chez lesquels il indique un chiffre inférieur d'une unité. Fauvel ne fait pas entrer en ligne de compte le 1er segment dorsal, très modifié et toujours invisible, et numérote toujours les segments *réels* de l'abdomen, en tenant compte des incomplets; il en résulte que pour passer des chiffres de la *Faune Gallo-Rhénane* aux nôtres, il faut :

Pour les tergites, augmenter le rang du segment d'une unité.

Pour les sternites, diminuer le rang du segment d'une unité, sauf chez les *Oxytelidae* pour lesquels les deux chiffres coïncident.

Il faut reconnaître à ces deux derniers systèmes un avantage sérieux, celui de laisser dans toute la famille des Staphylinides le même numéro aux segments homologues.

— Élytres beaucoup plus longs que le pronotum, non ou à
peine transverses, visiblement impressionnés le long du
bord postérieur. Carène médiane de l'abdomen beaucoup moins saillante, le 6ᵉ tergite (4ᵉ apparent), vu de
profil, tombant à peu près en angle droit à son bord postérieur. Vertex marqué de 5 carinules convergentes en
avant.......................... .... **2. fulvus** Er.

1. **M. porcatus** Payk., 1789. — Fauvel, p. 9. — Ganglb., p. 768. —
♀ *Mathani* Fauvel, 1860, in Bull. Soc. Linn. Norm., V, p. 256,
type : La Folie près Caen.

Jardins, terrains cultivés, prairies, berges de rivières, très rarement
dans les bois; au pied des plantes et dans les débris végétaux de toute
espèce, parfois dans les fumiers; souvent au vol, le soir. — *AC.*
Tout le bassin de la Seine. — Europe, sauf l'extrême nord, bassin
de la Méditerranée.

2. **M. fulvus** Er., 1840. — Fauvel, p. 10. — Ganglb., p. 769. —
Margaritae J. Duv., 1858, Gen. Col. d'Eur., II, p. 82, tab. 28, f. 139,
type : Bercy près Paris.

Comme le précédent. — *AR.*
Presque tout le bassin de la Seine. — Europe tempérée et méridionale, bassin de la Méditerranée, Caucase: Japon.

3. **M. staphylinoides** Marsh., 1802. — Fauvel, p. 10. — Ganglb.,
p. 769. — ♀ *Duvali* Fauvel, 1860, in Bull. Soc. Linn. Norm., V,
p. 264, *type* : Gavrus près Caen.

Surtout dans les bois, où il est parfois abondant dans le terreau de
feuilles décomposées. — *AR.*
S.-et-O. : f. de Marly (Ch. Bris.!); f. de Montmorency (Aubé!); marais
d'Arronville (Bedel!). — Seine-Inf. : Rouen (Mocquerys sec. Fauvel). —
Eure : Romilly-sur-Andelle (Lancelevée, sec. Fauvel): Pont-Audemer
(Degors!). — Calv. : Gavrus; Balleroy (Fauvel). — Hᵗᵉ-Marne : Sᵗ-Di-
zier !.
Europe tempérée et méridionale, Barbarie.

4. **M. tesserula** Curt., 1828. — Fauvel, p. 11. — Ganglb., p. 770.

Endroits marécageux, sous les roseaux coupés ou en fauchant le
soir après les journées chaudes; juin, juillet. — *RR.*
Marne : f. de Troisfontaines, un individu!. — [Côte-d'Or : Plom-
bières-les-Dijon; Collonges-les-Premières (Rouget)].

Europe (jusqu'à l'extrême nord), Caucase, Sibérie; Nord de l'Afrique; Amérique du Nord; Bolivie.

2ᵉ Sous-Famille. **OXYTELIDAE.**

Tribus.

1. Vertex portant deux ocelles. Trochanters postérieurs assez grands, atteignant le quart ou le tiers de la longueur des fémurs. Élytres en général très développés. . . . . . .
. . . . **V. Homaliini.**

— Vertex sans ocelles ou exceptionnellement avec un ocelle médian (*Metopsia* Woll.). . . . . **2.**

2. Hanches antérieures transverses, non saillantes. **IV. Protinini.**

— Hanches antérieures coniques ou subglobuleuses, presque toujours saillantes . . . . **3.**

3. Trochanters postérieurs très grands, atteignant environ le tiers de la longueur des fémurs. . . . . **4.**

— Trochanters postérieurs médiocres, atteignant au plus le cinquième de la longueur des fémurs. . . . . **5.**

4. Base de l'abdomen carénée entre les hanches postérieures. Dessus du corps sans côtes longitudinales. . . . .
. . . . **III. Phloeocharini.**

— Base de l'abdomen sans carène intercoxale. Tête, pronotum et élytres portant des côtes longitudinales. **I. Pseudopsini.**

5. Base de l'abdomen carénée entre les hanches postérieures. Hanches antérieures globuleuses, peu saillantes **II. Piestini.**

— Base de l'abdomen sans carène intercoxale. Hanches antérieures coniques, saillantes. — Deuxième segment de l'abdomen complet, présentant un sternite développé (excepté genre *Syntomium*). . . . . **VI. Oxytelini.**

Tribu I. **Pseudopsini.**

2. Genre **Pseudopsis** Newm., 1834.

Le genre *Pseudopsis* constitue à lui seul la tribu; ses trois espèces, dont deux sont exclusivement américaines, sont remarquables par la sculpture carénée de leurs téguments, qui rappelle celle des *Micrope-plus*.

Les caractères sexuels secondaires paraissent peu appréciables.

P. sulcata Newm., 1834. — Fauvel, p. 23. — Ganglb., p. 692. — Corps déprimé, atténué en avant et en arrière; d'un brun marron, plus foncé sur la tête et plus clair sur les marges du pronotum et des élytres et vers l'extrémité de l'abdomen. Pronotum portant sur son disque quatre carènes longitudinales. tranchantes, subparallèles, les intervalles un peu granuleux. Élytres à peine plus longs que le pronotum, portant sur leur disque deux carènes dorsales légè-rement incurvées, la marge latérale et la suture étant également relevées en côte. Abdomen hérissé en dessus et sur les côtés d'un certain nombre de soies médiocrement longues, assez épaisses. — Long. 3,5 mill.

Dans les meules de foin, de paille, les fagots, les feuilles mortes; printemps et automne surtout. — *RR*.

Oise : viaduc de Coye près Chantilly (J. Clermont!).

France occidentale (Côtes-du-Nord, Ille-et-Vilaine, Anjou, Touraine); Irlande, Angleterre; Barbarie, Grèce, Caucase; Amérique du Nord; Venezuela.

Tribu II. **Piestini.**

La tribu des *Piestini*, assez riche en formes exotiques, est représentée en Europe par un petit nombre de genres très disparates, et dans le bassin de la Seine seulement par deux espèces; abstraction faite de la longueur des élytres, l'une d'elles offre une vague ressemblance avec certains Colydiides, tandis que l'autre rappelle par son facies les *Laemophloeus,* dont elle partage la manière de vivre.

GENRES.

1. Tarses de 3 articles. Abdomen non visiblement marginé.
   Insecte subcylindrique, portant des côtes longitudinales
   sur la tête, le pronotum et les élytres.. 3. **Thoracophorus.**

— Tarses de 5 articles. Abdomen largement rebordé. Insecte
   très déprimé........................... 4. **Siagonium.**

3. Genre **Thoracophorus** Motsch., 1837.

Syn. *Glyptoma* Er., 1840.

Genre représenté par d'assez nombreuses espèces dans la faune américaine. La seule espèce européenne, d'ailleurs rare et localisée, vit par petites familles dans les vieux troncs d'arbres cariés.

T. corticinus Motsch., 1837. — Fauvel, p. 15. — Ganglb., p. 628.
— D'un brun rougeâtre, mat; abdomen un peu plus clair. Tête portant quatre côtes élevées. Antennes courtes, épaisses, légèrement renflées vers l'extrémité. Pronotum lobé aux angles antérieurs, angulé sur les côtés au tiers postérieur, portant trois côtes longitudinales de chaque côté du disque. Élytres marqués entre la suture et le bord latéral de cinq côtes alternativement plus saillantes. Abdomen ruguleux. — Long. 2,5 mill.

Dans les vieux arbres creux habités par les fourmis, notamment les vieux hêtres et les vieux chênes. — *RR.* et localisé.

S.-et-M. : forêt de Fontainebleau (Bedel, Bonnaire!, Méquignon!, Gruardet!, etc.).

Çà et là dans la région lyonnaise, le Centre et le Sud-Ouest de la France (1); Europe moyenne.

4. Genre **Siagonium** Kirby et Spence, 1815.

Syn. *Prognatha* Latr., 1829.

Métam. : Westwood in Zool. Journ., III, p. 56, tab. 2, f. 1.

Les *Siagonium*, remarquables par leur corps très aplati, vivent exclusivement sous les écorces; ils sont peu nombreux et limités à la région paléarctique, à l'Amérique du Nord et à l'île de Ceylan.

Chez les ♂, la tête est élargie et porte de chaque côté du bord antérieur une corne plus ou moins longue; les mandibules sont plus développées et également armées de cornes.

S. quadricorne Kirby et Spence, 1815. — Fauvel, p. 16. — Ganglb., p. 686. — D'un noir ou d'un brun de poix, brillant; bouche, an-

(1) Aux localités françaises énumérées par Fauvel (*Cat. Fn. Gallo-Rh.*, p. 28) on peut ajouter les suivantes : dép^t du Doubs (coll. Vauloger!); plusieurs localités du dép^t de Saône-et-Loire (Viturat!); forêt de Loches (Méquignon); environs de Moulins (Chatanay).

tennes, majeure partie des élytres, pattes, marges et extrémité abdominales rougeâtres ou testacées. Tête et pronotum à ponctuation forte et espacée. Élytres environ de moitié plus longs que le pronotum, marqués chacun de quatre lignes ponctuées irrégulières. Abdomen légèrement chagriné, finement ponctué. — ♂, bord antérieur du front prolongé de chaque côté en une corne un peu arquée, de dimension très variable suivant la taille des individus ; mandibules armées d'une corne élevée, arquée au sommet ; antennes plus longues. — Long. 4-5,5 mill.

Sous les écorces humides, surtout celles des peupliers. — *AR.*
Presque tout le bassin de la Seine. — Europe tempérée.

Tribu III. **Phloeocharini.**

Tribu peu nombreuse, réduite en Europe à deux genres assez disparates et, dans le bassin de la Seine, à une seule espèce.

5. Genre **Phloeocharis** Mannh., 1831.

Insectes de petite taille, rappelant par leur facies certains *Oxypoda* ; outre l'espèce suivante, qui vit sous les écorces dans une grande partie de l'Europe, la faune paléarctique en comprend encore quelques autres, pour la plupart aptères et aveugles, localisées dans les massifs montagneux de la zone méditerranéenne. On en connaît une espèce d'Australie.

P. minutissima Mannh., 1831. — Fauvel, p. 21. — Ganglb., p. 694. — Presque parallèle, d'un brun de poix, finement pubescent, peu brillant ; bouche, antennes, pattes, marges et extrémité de l'abdomen d'un testacé rougeâtre. Tête et pronotum à ponctuation obsolète sur fond finement chagriné. Élytres un peu plus longs que le pronotum, à ponctuation nette et assez dense. Abdomen très finement ponctué. — Long. 1,5 mill.

Sous les écorces et dans les débris ligneux, notamment du hêtre et des Abiétinées. — *R.*
S.-et-M. : Fontainebleau (Gruardet!) - Pas-de-Calais : Calais (coll. Reiche sec. Fairm., Faune ent. Fr.), probablement importé avec des bois du Nord. — Hte-Marne : forêts des environs d'Auberive, abondant!. — Nièvre : Brassy (Méquignon!), Arleuf (id.).
Europe septentrionale et moyenne.

Tribu IV. **Protinini.**

Genres.

1. Vertex portant un ocelle médian. Épistome dilaté en avant
   en une sorte de chaperon tronqué à son bord antérieur ;
   bords latéraux du front lobés au-dessus des insertions
   antennaires. Pronotum sillonné sur la ligne médiane..
   .... 6. **Metopsia.**

— Vertex sans ocelle. Antennes insérées à découvert....... 2.

2. Pronotum sans sillon médian ; angles postérieurs simples.
   .... 8. **Protinus.**

— Pronotum marqué d'un sillon médian ; sommet des angles
   postérieurs angulairement échancré....... 7. **Megarthrus.**

6. Genre **Metopsia** Woll., 1854.

Syn. *Phloeobium* ‡ Er. (non Lac.).

Genre peu nombreux, composé d'une espèce européo-méditerra
néenne, d'une espèce canarienne et d'une espèce madérienne ; toutes
trois vivent dans les forêts.

M. clypeata Müll., 1821. — Fauvel, p. 25. — Ganglb., p. 764. —
   Oblong, parallèle, assez déprimé, d'un testacé ferrugineux uniforme ; antennes rembrunies, sauf vers l'extrémité. Dessus du
   corps rugueux, assez grossièrement ponctué, plus finement sur l'abdomen. — Long. 2,5-2,8 mill.

Terrains boisés, forêts et grands parcs, dans les mousses, les feuilles
sèches, les fagots. — AC.
Tout le bassin de la Seine. — Europe (sauf l'extrême nord) ; Barbarie ; Asie Mineure.

7. Genre **Megarthrus** Steph., 1833.

Syn. *Phloeobium* Lac., 1835.

Les *Megarthrus* sont répandus dans presque tout l'hémisphère boréal, y compris l'Amérique centrale ; on les trouve pour la plupart

dans les végétaux décomposés de toute nature, les déjections des herbivores, etc. (¹).

Chez les ♂, les derniers sternites sont échancrés, les fémurs plus ou moins épaissis, surtout les postérieurs, les tibias intermédiaires et postérieurs plus ou moins incurvés et parfois dentés.

ESPÈCES.

[Long. 2-3 mill.]

1. Antennes entièrement d'un brun-noir. — ♂ tibias postérieurs peu modifiés.

— Antennes ayant au moins le 1ᵉʳ article d'un roux testacé. .   4.

2. Bords latéraux du pronotum en courbe continue d'un angle à l'autre, sans sinuosités ni saillies. Insecte d'un brun noir; marges latérales du pronotum concolores; fémurs rembrunis. — ♂, tibias postérieurs légèrement incurvés, munis vers leur extrémité d'une frange de courtes spinules noires...................... 1. **depressus** Payk.

— Bords latéraux du pronotum distinctement sinués ou anguleux. Marges thoraciques presque toujours roussâtres. .   3.

3. Bords latéraux du pronotum moins visiblement bidentés, en général plus largement roussâtres. Élytres à ponctuation médiocre, ruguleuse. Fémurs souvent un peu rembrunis; forme plus étroite................. 2. **affinis** Mill.

— Bords latéraux du pronotum très distinctement bidentés, en général étroitement teintés de roux. Élytres à ponctuation assez forte, mieux détachée. Fémurs jamais rembrunis. Forme plus large............. 3. **sinuaticollis** Lac.

4. Coloration normale d'un roux ferrugineux uniforme, avec la tête et les antennes (sauf l'extrémité) rembrunis. Angle huméral des élytres très obtus, leur bord latéral visiblement crénelé, légèrement dévié vers le quart antérieur. — ♂, trochanters postérieurs médiocrement développés, obtusément angulés au milieu de leur bord interne; tibias postérieurs coudés après le genou, leur bord interne

---

(1) **L'observation de Smith**, rapportée par Westwood, suivant laquelle la larve d'un *Megarthrus* serait parasite de celle du *Saperda populnea*, paraît bien étrange et mériterait confirmation.

dilaté vers le premier tiers en une forte dent suivie
d'une profonde échancrure............. 5. **hemipterus** Ill.

— Coloration normale d'un brun noir, avec les élytres d'un
brun plus ou moins ferrugineux. Angle huméral des
élytres presque droit, leur bord latéral non crénelé, rectiligne. — ♂, trochanters postérieurs très développés,
terminés par un prolongement dentiforme; tibias postérieurs coudés après le genou, leur bord interne dilaté
vers le milieu en angle très obtus, puis prolongé à son
extrémité en un fort crochet.......... 4. **denticollis** Beck.

1. **M. depressus** Payk., 1790. — Fauvel, p. 26. — Ganglb., p. 762.

Bois, prairies et voisinage des lieux habités; dans les végétaux décomposés de toute nature, notamment le foin en fermentation, dans le
fumier de ferme, les bouses desséchées, etc.; parfois au vol le soir. —
AR.

Tout le bassin de la Seine. — Toute l'Europe jusqu'à l'extrême
nord.

2. **M. affinis** Mill., 1852. — Fauvel, p. 27. — Ganglb., p. 762.

Comme le précédent. — *AR.*

Presque tout le bassin de la Seine. — Europe moyenne et méridionale; bassin de la Méditerranée.

3. **M. sinuaticollis** Lac., 1835, Faune ent. Paris, I, p. 493, *type* :
région de Paris. — Fauvel, p. 28. — Ganglb., p. 762.

Comme les précédents. — *AR.*

Tout le bassin de la Seine. — Presque toute la région paléarctique;
Amérique du Nord.

4. **M. denticollis** Beck, 1847. — Fauvel, p. 28. — Ganglb., p. 72.
— *marginicollis* Lac., Faune ent. Paris, I, p. 482, *type* : environs
de Paris.

Comme les précédents. — *AC.*

Tout le bassin de la Seine. — Europe septentrionale et moyenne;
Asie Mineure.

5. **M. hemipterus** Illig., 1794. — Fauvel, p. 28. — Ganglb., p. 763.
— *melanocephalus* Ol., 1795, Entom., III, 42, 38, *type* : env. de
Paris (coll. Bosc). — *nitiduloides* Lac., 1835, Faune ent. Paris, I,
p. 493, *type* : env. de Paris.

Bois et forêts, dans les champignons décomposés ; surtout en automne. — **C.**

Tout le bassin de la Seine. — Europe (sauf l'extrême nord).

8. Genre **Protinus** (1) Latr., 1796.

Révision : Reitter in Wien. ent. Zeit. [1905], p. 226.

Métam. : Chapuis et Cand., in Mém. Soc. sc. Liége, VIII [1853], p. 402 ; Xambeu, in L'Échange [1892], p. 7 (pagination spéciale).

Les *Protinus*, propres à l'hémisphère boréal, forment un petit groupe homogène et peu nombreux en espèces ; on les trouve en général dans les végétaux en décomposition et particulièrement dans les champignons. D'après Xambeu (loc. cit.), leurs larves se nourrissent surtout de Podurelles et l'insecte aurait probablement deux générations par an.

Chez quelques espèces, les ♂ ont les tibias intermédiaires et parfois les postérieurs arqués ou sinués, et feutrés à leur bord interne.

Espèces.

1. Pronotum brillant, peu visiblement alutacé, médiocrement transverse, un peu convexe. Antennes en général entièrement foncées. — ♂, tibias intermédiaires arqués vers la base, finement crénelés-ciliés vers l'extrémité de leur bord interne. — Long. 1,5 à 2 mill...... 3. **limbatus** Mäkl.

— Pronotum mat, très visiblement alutacé, très transverse.. 2.

2. Antennes n'ayant au plus que le premier article des antennes testacé. Sculpture des élytres assez profonde, bien nette. — Long. 1,5 à 2,2 mill........................ 3.

— Antennes ayant au moins les deux premiers articles testacés. Sculpture des élytres superficielle. — Long. 1 à 1,5 mill. 4.

3. Premier article des antennes en général concolore. — ♂, tibias intermédiaires subarqués, ciliés au bord interne.
.... 1. **ovalis** Steph.

-- Premier article des antennes toujours testacé. — ♂, tibias intermédiaires simples............ 2. **brachypterus** Fabr.

4. Antennes à deux premiers articles seuls testacés. Sculpture

(1) L'auteur écrit *Proteinus* ; l'orthographe rectifiée conformément aux lois de formation des mots gréco-latins a été proposée par A. Fauvel.

des élytres à mailles fines et serrées sur fond mat. — ♂,
tibias intermédiaires subarqués, les postérieurs flexueux
au bord interne.   Long. 1.2 à 1,5 mill. . . . .
. . . . 4. **macropterus** Gyllh.

— Antennes en général entièrement rougeâtres, sauf la massue. Sculpture des élytres à mailles lâches sur fond brillant. — ♂, tibias simples. — Long. 0,9 à 1.2 mill. . . . . .
. . . . 5. **atomarius** Er.

1. **P. ovalis** Steph., 1834. — Fauvel. p. 30. — Ganglb., p. 759.
 — *brevicollis* Er., 1840.

Dans les végétaux en décomposition, surtout les champignons.
— C.

Tout le bassin de la Seine. — Europe moyenne et méridionale :
Barbarie.

2. **P. brachypterus** Fabr., 1792. — Fauvel, p. 31. — Ganglb.,
 p. 759.

Comme le précédent. — CC.

Tout le bassin de la Seine. — Presque toute la région paléarctique ;
Amérique boréale.

3. **P. limbatus** Mäkl., 1852. — Fauvel, p. 30. — Ganglb., p. 759.
 — *crenulatus* Pand., 1867.

Comme les précédents. — R.

Eure : Évreux (Portevin, sec. Fauvel). — Seine-Inférieure : forêt de
La Londe (Fauvel). — Calvados : Caen ; forêt de Cerisy : Héronville ;
Bures ; Verson (Fauvel). — Marne : Reims (Lajoye). — Aube : Chen-
negy (Polle-Deviermes, sec. Fauvel).

Espèce fréquemment confondue avec la précédente et probablement
répandue dans une grande partie de l'Europe ; Amérique boréale.

4. **P. macropterus** Gyllh., 1810. — Fauvel, p. 31. — Ganglb.,
 p. 760.

Comme les précédents. — R.

Çà et là dans tout le bassin de la Seine. — Europe septentrionale
et moyenne.

5. **P. atomarius** Er., 1840. — Fauvel, Suppl., p. 3 (syn.). —
Ganglb., p. 760. — *claricornis* Fauvel, p. 31 (non Steph.).

Comme les précédents. — AR.

Tout le bassin de la Seine. — Europe, Barbarie, Asie Mineure, Caucase; Amérique du Nord.

Tribu V. **Homaliini.**

Les genres composant cette tribu, de faciès et de mœurs très divers, sont presque tous limités aux zones froides ou tempérées de l'hémisphère boréal; quelques-uns d'entre eux, derniers débris d'une faune glaciaire, sont actuellement localisés dans la zone arctique et dans les massifs montagneux les plus élevés.

Genres.

1. Dernier article des palpes maxillaires très petit, subulé; l'avant-dernier plus ou moins renflé, piriforme........   2.

— Derniers articles des palpes maxillaires normaux et de dimensions comparables.........................   3.

2. Tête grosse, à peu près de la largeur du pronotum; celui-ci au moins aussi long que large...... 27. **Boreaphilus.**

— Tête médiocre, moins large que le pronotum; celui-ci transverse, dilaté sur les côtés.......... 24. **Coryphium.**

3. Labre en croissant, bidenté au milieu. Mandibules allongées, très saillantes; la mandibule gauche coudée à angle droit. Palpes maxillaires longs et grêles. *****Hadrognathus** (1).

— Labre tronqué ou simplement échancré à son bord antérieur; mandibules peu saillantes, non falciformes. Palpes maxillaires normaux...........................   4.

4. L'une des mandibules au moins mutique; tête médiocrement saillante, en général bien moins large que le pronotum; celui-ci rarement cordiforme............   5.

— — Mandibules toutes deux dentées au bord interne. Tête très dégagée, aussi large ou presque aussi large que le pronotum; celui-ci subcordiforme, bien moins large à la base que les épaules; insecte à faciès caraboïde........   18.

(1) L'unique espèce du genre, *H. longipalpis* Muls. et Rey, est un insecte de 2 mill. 1/2 environ, d'un roux ferrugineux uniforme, fortement ponctué sur l'avant-corps; il se trouve communément dans les Pyrénées et dans tout le massif central de la France, et remonte au Nord jusqu'au Charolais.

5. Dernier article des tarses postérieurs égal ou subégal aux quatre précédents réunis; ceux-ci courts, serrés, subégaux... 6.

— Dernier article des tarses postérieurs bien plus court que les quatre précédents réunis; ceux-ci en général inégaux. 11.

6. Élytres très courts, ne dépassant pas la poitrine......... .... 15. **Micralymma**.

— Élytres relativement longs, dépassant de beaucoup la poitrine et couvrant parfois tout l'abdomen.............. 7.

7. Tous les tarses dilatés et longuement ciliés sur les côtés.. .... 9. **Anthobium**.

— Tarses (au moins les intermédiaires et postérieurs) simples. 8.

8. Mésosternum caréné...................... 12. **Homalium**.

— Mésosternum non caréné............................... 9.

9. Dernier article des tarses postérieurs bien plus long que les quatre précédents réunis. Dernier article des palpes maxillaires bien plus étroit que le précédent. Labre tronqué. Corps très déprimé........... 13. **Phloeonomus**.

— Dernier article des tarses postérieurs à peu près égal aux quatre précédents réunis. Dernier article des palpes maxillaires aussi épais à sa base que le précédent. Labre échancré....................................... 10.

10. Troisième article des antennes normal; tarses postérieurs plus longs que la moitié du tibia........ 11. **Phyllodrepa**.

— Troisième article des antennes piriforme, très atténué vers la base; tarses postérieurs égaux à la moitié du tibia. .... 10. **Acrolocha**.

11. Antennes courtes, épaisses dès la base; les derniers articles nettement transversaux. Insecte allongé, parallèle, déprimé..................... 14. **Xylodromus**.

— Antennes plus ou moins grêles; les derniers articles non ou à peine transversaux....................... 12.

12. Premier article des tarses postérieurs égal aux trois suivants réunis. Front plan. Insecte pubescent. 16. **Philorinum**.

 Premier article des tarses postérieurs au plus égal aux deux suivants réunis....................... 13.

13. Rebord latéral des élytres, vu de côté, infléchi à partir de
l'épaule en courbe très prononcée. Pronotum bien moins
large que les élytres...................... **17. Orochares.**

— Rebord latéral des élytres, vu de côté, paraissant à peu
près rectiligne.. 14.

14. Premier article des tarses postérieurs non ou à peine plus
long que le deuxième................................ 15.

— Premier article des tarses postérieurs évidemment plus
long que le deuxième................................ 17.

15. Vertex non étranglé en forme de cou........ **20. Olophrum.**

— Vertex étranglé en forme de cou.................... 16.

16. Marge latérale du pronotum largement creusée en gouttière ou explanée sur toute sa longueur. Épines des tibias très fines..................·....... **19. Lathrimaeum.**

— Marge latérale du pronotum largement explanée en arrière
seulement. Épines des tibias robustes. 18. **Phyllodrepoidea**

17. Labre entièrement cornué. Abdomen à ponctuation forte,
profonde............................... **22. Acidota.**

— Labre membraneux antérieurement. Abdomen à ponctuation très fine, indistincte.............. **21. Arpedium.**

18. Dernier article des palpes maxillaires très allongé, environ
quatre fois plus long que le précédent........ **23. Lesteva.**

— Dernier article des palpes maxillaires égal ou subégal au
précédent.................................... 19.

19. Ongles munis chacun en dessous, à leur base, d'un appendice membraneux.............. **25. Anthophagus.**

— Ongles sans appendice membraneux...... **24. Geodromicus.**

9. Genre **Anthobium** Steph., 1833.

Syn. *Eusphalerum* Kr. *(ad partem)*.

Les *Anthobium* se distinguent de tous les autres *Homaliini* par leurs
tarses légèrement dilatés et hérissés extérieurement de longs poils.
Leurs mœurs sont exclusivement floricoles; on ne sait rien de certain de leurs premiers états. La plupart des espèces sont cantonnées

dans les massifs montagneux de l'hémisphère boréal; le genre se retrouve au Chili.

Chez les ♂, les tarses antérieurs sont élargis, les fémurs souvent épaissis et les tibias intermédiaires parfois arqués; les derniers sternites présentent quelquefois des signes distinctifs. Chez les ♀, les élytres, très fréquemment prolongés en pointe ou plus développés, atteignent ou dépassent l'extrémité de l'abdomen chez certaines espèces; la coloration de ce dernier varie parfois d'un sexe à l'autre.

Sur 35 espèces d'*Anthobium* que compte la faune française, une douzaine seulement se trouvent dans le bassin de la Seine, et encore la plupart sont-elles limitées aux parties accidentées de l'est et du sud-est de cette région.

ESPÈCES.

1. Pronotum très densément ponctué. — Insecte large, déprimé, entièrement testacé, sauf parfois l'abdomen rembruni. Élytres tronqués droit dans les deux sexes. — Long. 2,5 mill.................... **11. ophthalmicum** Payk.

 — Pronotum à ponctuation espacée, parfois peu distincte...   **2.**

2. Tête et pronotum entièrement noirs ou bruns, ce dernier au plus étroitement bordé de rougeâtre. — Élytres constamment plus courts que l'abdomen.............   **3.**

 — Tête et pronotum en grande partie roux-testacé, ayant au plus le vertex et une bande discale sur le pronotum rembrunis.........................   **6.**

3. Pronotum médiocrement transverse, pas plus rétréci en avant qu'en arrière.........................   **4.**

  — Pronotum très transverse, bien plus rétréci en avant qu'en arrière. Élytres à troncature rectiligne dans les deux sexes.............................   **5.**

4. Ponctuation du pronotum assez forte sur fond grossièrement réticulé; celle des élytres grosse, très profonde. Articles 7-10 des antennes au moins aussi longs que larges. Insecte allongé, d'un brun noir, avec la marge latérale du pronotum et les élytres roussâtres. Élytres tronqués droit dans les deux sexes. Tibias légèrement spinuleux (*Eusphalerum* Kr.). — Long. 3-3,5 mill.... .... **4. primulae** Steph.

— Ponctuation du pronotum fine et espacée sur fond finement réticulé; celle des élytres médiocre. Articles 7-10 des antennes nettement transverses. Pronotum noir; élytres bruns. — ♀, élytres prolongés à l'angle sutural en un appendice triangulaire légèrement relevé. — Long. 2-2,5 mill.................... 3. **minutum** Fabr.

5. Antennes rembrunies à l'extrémité. Ponctuation du pronotum (surtout sur les côtés) à peine plus fine et moins dense que celle des élytres. — ♂, 3e à 5e sternites tuberculés à leur base, le 6e échancré au bord postérieur, impressionné autour de l'échancrure. — Long. 2,5-2,8 mill............................... 2. **atrum** Heer.

— Antennes entièrement rousses. Ponctuation du pronotum bien plus fine et bien moins serrée que celle des élytres. — ♂, sternites abdominaux inermes. — Long. 2,8-3,3 mill.............................. 1. **florale** Heer.

6. Tête finement striolée au bord interne des yeux. — Élytres bien plus courts que l'abdomen dans les deux sexes, tronqués très droit ou subarqués chez le ♂, parfois un peu obliquement chez la ♀. Abdomen noir chez le ♂, presque entièrement roux chez la ♀. — Long. 2,7-3,3 mill.............................. 7.

— Tête sans traces de strioles au bord interne des yeux. — Long. 1,5-2,5 mill................................ 9.

7. Pronotum marqué sur son disque de deux impressions longitudinales rapprochées, profondes. Métasternum rembruni....................... 5. **abdominale** Gravh.

·· Pronotum sans impressions discales ou avec des impressions obsolètes.............................. 8.

8. Métasternum roux. Pronotum brillant. Forme identique dans les deux sexes .... * **signatum** Märk. (¹).

— Métasternum rembruni; élytres rembrunis sur la région scutellaire. Dimorphisme sexuel assez accentué, le ♂ étant notablement plus étroit et plus foncé que la ♀....
.... 6. **limbatum** Er.

---

(1) Se trouve dans le département du Nord, en Belgique et dans les Vosges; pourrait se rencontrer dans les forêts de la Thiérache et des Ardennes.

9. Élytres bien plus courts que l'abdomen ♂ ♀, bien moins
de deux fois plus longs que la largeur des épaules.....   10.

— Élytres atteignant presque l'extrémité de l'abdomen ♂, la
dépassant ♀, au moins deux fois plus longs que la largeur des épaules. Abdomen rembruni ♂, testacé ♀.....   13.

10. Métasternum noir ou brun. Ponctuation du pronotum
nette...   11.

— Métasternum testacé. Ponctuation du pronotum effacée. —
♂, abdomen noir sauf l'extrémité; ♀, abdomen roux. —
Long. 1,3-2 mill.....................................   12.

11. Avant-corps d'un roux-testacé assez obscur, peu brillant.
— ♂, 5ᵉ sternite inerme; ♀, élytres prolongés chacun à
l'angle sutural en une pointe triangulaire arrondie à l'extrémité; abdomen noir. — Long. 2-2,5 mill..........
.... 7. **torquatum** Marsh.

— Avant-corps brillant; tête et pronotum d'un roux testacé
vif; élytres relativement courts, d'un jaune testacé clair.
— ♂, 5ᵉ sternite muni à son bord postérieur de deux
petits tubercules dentiformes; abdomen noir; ♀, élytres
tronqués presque droit; abdomen roux, rembruni à
l'extrémité. — Long. 1,5-2,3 mill.... 8. **Marshami** Fauvel.

12. Pronotum médiocrement transverse; côtés un peu redressés avant les angles postérieurs qui sont presque
droits......................... 10. **rectangulum** Fauvel.

— Pronotum très transverse; côtés fortement arrondis, angles postérieurs très obtus............... 9. **sorbi** Gyllh.

13. Métasternum noir ou brun; antennes en général rembrunies au sommet. Vertex et région scutellaire souvent
obscurcis. Élytres obtusément arrondis chez le ♂, bien
plus longs et prolongés en deux pointes un peu diver-
gentes chez la ♀. — Long. 2-2,5 mill.. 12. **montivagum** Heer.

— Métasternum testacé. Antennes entièrement testacées. Élytres recouvrant tout l'abdomen chez les deux sexes;
angle sutural presque droit chez le ♂, un peu plus pro-
noncé chez la ♀.................... * **longipenne** Er. (1)

____

(1) Signalé de la Belgique, du dépt du Nord et de la Lorraine.

1. A. florale Panz., 1793. — Fauvel, p. 37. — Ganglb., p. 748.

Chemins et clairières des bois, sur les buissons fleuris et les plantes basses à floraison précoce; fin mars, avril, mai.

Localisé dans la partie du bassin de la Seine voisine de la Lorraine, où il est d'ailleurs répandu et commun.

Marne : Chigny; f. de Germaine (Lajoye!); f. de Troisfontaines!. — Meuse : bois du Valtiérémont près Ancerville!. — Hte-Marne : St-Dizier!; Eurville (Peschet!); Gudmont!. — [Côte-d'Or : Gevrey; Citeaux; Serrigny (Rouget)].

Europe centrale.

2. A. atrum Heer, 1839. — Fauvel, p. 36. — Ganglb., p. 748. — *nigrum* Er., 1840.

Comme le précédent. — *AR*.

Presque tout le bassin de la Seine. — Europe moyenne.

3. A. minutum Fabr., 1792. — Fauvel, p. 44. — Ganglb., p. 749.

Sur les fleurs de toute espèce, notamment les genêts; assez souvent dans les endroits humides, sur les *Carex*; avril à juin. — *C.*

Tout le bassin de la Seine. — Presque toute l'Europe.

4. A. primulae Steph., 1834. — Fauvel, p. 39. — Ganglb., p. 750. — *florale* Lac. — *triviale* Er., 1839.

Coteaux boisés, sur les plantes basses à floraison précoce, puis sur l'aubépine, l'*Aria nivea*, etc.; fin mars à mai; localisé surtout dans la Basse-Normandie et dans le haut bassin de la Seine, où il est commun par places.

Région de Paris (coll. Aubé!). — Seine-Inférieure : forêt de St-Jacques; La Londe; Elbeuf; St-Aubin-jouxte-Boulleng (Fauvel). — Eure : Pont-Audemer (Fauvel). — Meuse : bois du Valtiérémont près Ancerville!. — Hte-Marne : Gudmont, abondant!. — Côte-d'Or : Montbard (Gruardet!); [Plombières-lès-Dijon; combe de Neuvon (Rouget)].

Europe moyenne.

5. A. abdominale Gravh., 1806. — Fauvel, p. 37. — Ganglb., p. 750.

Surtout sur les fleurs des Rosacées (pommiers, poiriers, prunelliers, aubépine, etc.); fin mars à mai, la ♀ jusqu'à la fin de juin. — *AC.*

Presque tout le bassin de la Seine; rare dans le Calvados et non signalé dans la Manche. — Europe moyenne.

6. A. limbatum Er., 1840. — Fauvel, p. 38. — Ganglb., p. 750.

Forêts des régions montagneuses, où il ne descend guère au-dessous de la limite inférieure du sapin. — RR.

Hte-Marne : bois communaux de Rouvroy et de Donjeux, dans les combes boisées en futaie de hêtres et tournées vers le Nord, assez abondant en avril sur les fleurs de *Primula* !

France orientale (de la Lorraine au Dauphiné) ; Europe centrale.

7. A. torquatum Marsh., 1802. — Fauv., p. 41. — Ganglb., p. 751.

Lisière des bois, prairies, etc., sur les fleurs et les buissons fleuris, surtout le genêt et l'ajonc ; avril à juillet.

Tout le bassin de la Seine ; très abondant sur les terrains anciens ou siliceux, beaucoup plus rare dans les zones jurassiques.

Angleterre, Allemagne du Sud, Suisse, France, Espagne.

8. A. Marshami Fauvel, 1869 (*nom. nud.*). — Fauvel, p. 52. — Ganglb., p. 751. — *torquatum* ‡ Kraatz (non Marsh.).

Régions accidentées ; haies et lisière des bois, notamment sur l'aubépine ; s'accouple vers le 15 mai !. — R.

Seine-et-Oise : St-Germain (Ch. Bris., sec. Fauvel). — Aube : Bar-sur-Seine (Garnier, sec. Fauvel). — Hte-Marne : Rachecourt-sur-Marne !. — Côte-d'Or : Montbard (Bedel !, Gruardet !) ; [env. de Dijon (Rouget, sec. Fauvel)].

Régions montagneuses de l'Europe moyenne.

9. A. sorbi Gyllh., 1810. — Fauvel, p. 53. — Ganglb., p. 752.

Régions accidentées et forêts froides ; sur les fleurs, notamment les aubépines à la lisière des bois ; mai, juin. — R.

Somme : environs d'Amiens (Carp.). — Oise : forêt de Compiègne (Bedel !). — Hte-Marne : Saucourt !. — Côte-d'Or : Montbard (Bedel !) ; [env. de Dijon (Rouget, sec. Fauvel)].

Europe septentrionale et centrale ; Groënland.

10. A. rectangulum Fauvel, 1869. — Fauvel, p. 52. — Ganglb., p. 752.

Bois des régions montueuses, sur les fleurs, notamment du troëne et du genêt à balais. — R.

Nord : forêt de St-Michel (1) (Lethierry, sec. Fauvel). — Marne : Ste-Menehould (Bedel !). — Hte-Marne : Orquevaux ! ; forêt de Marsois près

---

(1) Cette localité se trouve dans le bassin de la Seine.

Nogent-en-Bassigny !. — [Côte-d'Or : env. de Dijon (Rouget, sec. Fauvel)]. — Yonne : Avallon (Ch. Bris., Bedel!). — Commun dans l'Autunois et très probablement aussi dans le Morvan.

France orientale, Allemagne du Sud, Alpes, Apennin.

11. A. ophthalmicum Payk., 1800. — Fauvel, p. 42. — Ganglb., p. 752.

Pays accidentés et boisés, sur les fleurs, principalement de Spirées et d'Ombellifères; juin à août. — *AC.*

Presque tout le bassin de la Seine; plus rare vers l'ouest (non signalé de la Somme, de l'Orne ni de la Manche).

Europe septentrionale et moyenne.

12. A. montivagum Heer, 1839. — Ganglb., p. 755. — *sordidulum* Kraatz, 1857. — Fauvel, p. 48.

Bois des régions montueuses, sur les fleurs les plus diverses; fin avril, mai. — *C.* (seulement à l'est et au sud du bassin).

Marne : Ste-Menehould (Bedel!); parc de Hautefontaine près Ambrières!. — Hte-Marne : Gudmont, très commun!. — Meuse : bois du Valtiérémont près Ancerville! — Côte-d'Or : Montbard (Gruardet!); [env. de Dijon (Rouget)]. — Yonne : Avallon (Bedel!).

Belgique, Allemagne occidentale, France orientale, Auvergne.

10. Genre **Acrolocha** Thoms., 1861.

Syn. *Homalium (pars)* Fauvel.

Les *Acrolocha* constituent un petit groupe très homogène, bien caractérisé par la structure des antennes et la sculpture des élytres; leur facies est voisin de celui des *Anthobium*; on les trouve ordinairement dans les débris végétaux et les fumiers.

Chez les ♂ de nos deux espèces, le 6e sternite abdominal porte des signes distinctifs assez dissemblables.

Espèces.
[Long. 1,5-2,2 mill.]

1. Pronotum sans impression oblique vers les angles postérieurs; sa surface à fond lisse, les points reliés entre eux par des strioles formant réseau; élytres presque toujours d'un brun rougeâtre. — ♂, 6e sternite portant à son bord postérieur une forte épine.......... **1. sulculus** Steph.

— Pronotum marqué d'une impression oblique vers les angles
   postérieurs; sa surface marquée de points isolés sur
   fond chagriné ou rugueux; dessus normalement d'un
   brun noir uniforme. — ♂, 6ᵉ sternite bicarinulé à son
   bord postérieur...................... **2. striata** Gravh.

1. **A. sulculus** Steph., 1834. — Fauvel, *Suppl.*, p. 6. — Ganglb.,
   p. 744. — *striata* ǂ Lac.

Pâturages, clairières des bois, etc., dans les bouses à demi dessé-
chées; surtout en automne. — *R.* (répandu surtout en Normandie).
Seine-et-Oise : Montmorency (coll. Aubé!). — Seine-Inférieure :
Yport, pâturages des falaises!; Elbeuf (Fauvel). — Calvados : dunes
de Merville; forêt de Cinglais; Fresney-le-Puceux (Fauvel). — Orne :
environs de L'Hôme (Bedel!); Lonlay-l'Abbaye (Fauvel). — Manche :
Percy; Mortain (Fauvel).
Europe occidentale, Corse, Barbarie, Caucase.

2. **A. striata** Gravh., 1802. — Fauvel, p. 60, et *Suppl.*, p. 6. —
   Ganglb., p. 743. — ? *minuta* Ol., 1795, Entom., III, 42, 38, *type* :
   environs de Paris.

Dans les détritus d'origine végétale, tels que paille et foin gâtés, dans
les bouses, le fumier de ferme, etc.; souvent autour des lieux habités;
automne, hiver et premier printemps. — *AC.*
Seine et Seine-et-Oise : jardins de Paris!; Choisy-le-Roi!; Gennevilliers!; Vincennes (Gruardet!); St-Germain (Ch. Bris.!); Montmorency
(Aubé!), etc. — Aube (Garnier, sec. Fauvel). — Marne : Reims (Lajoye!). — Hte-Marne : St-Dizier!. — Somme : env. d'Amiens (Carpentier). — Seine-Inférieure : Mont-Renard près Rouen (Mocquerys);
Elbeuf (Fauvel). — Calvados : Ouville-la-Bien-Tournée (Peschet!). —
Eure-et-Loir : Chartres (Lefèvre, sec. Fauvel).

11. Genre **Phyllodrepa** Thoms., 1861.

Syn. *Homalium* (*pars*) Fauvel. — (*ad partem*) *Hapalaraea*
Thoms., 1861, *Hypopycna* Rey, 1880.

Métamorph. : Perris, Ins. du Pin maritime, I, p. 54 (¹).

Genre composé d'éléments un peu disparates et spécial à l'hémisphère
boréal comme la plupart de ses voisins. Les *Phyllodrepa* paraissent se

(1) Ganglbauer (*loc. cit.*, p. 738) fait remarquer que la larve attribuée par
Perris au *Phyllodrepa vilis* est très probablement celle d'un Aléocharien.

développer presque tous dans les vieux troncs d'arbres cariés ou attaqués par la végétation cryptogamique; à l'état adulte, on les prend
fréquemment sur le feuillage ou même sur les plantes basses.

Espèces.

1. Insecte ovalaire, relativement peu allongé, atténué en avant,
   en majeure partie d'un roux ferrugineux............. 2.

— Insecte allongé, parallèle; coloration variable............ 3.

2. Épistome peu développé, plan, presque imponctué. Pronotum médiocrement transverse, plus rétréci en arrière
   qu'en avant. Antennes moniliformes, les 3e et 4e articles
   très petits, subégaux. Ponctuation des élytres disposée
   partiellement en séries (Subg. *Hypopycna* Rey). — Long.
   2-2,5 mill........................... 7. **rufula** Er.

— Épistome dilaté en avant, explané et largement concave au-
   dessus des insertions antennaires. Troisième article des
   antennes évidemment plus long que le 4e. Pronotum obtusément angulé sur les côtés, plus rétréci en avant
   qu'en arrière. Élytres ponctués complètement sans ordre. — ♂, trochanters postérieurs très développés;
   5e sternite excavé et bidenté à son bord postérieur. (Subg.
   Hapalaraea Thoms.). — Long. 2-3 mill..   6. **pygmaea** Gyllh.

3. Vertex portant de chaque côté en avant des ocelles une
   fossette ponctiforme, profonde. Troisième article des antennes beaucoup plus long que le 4e. (Subg. *Phyllodrepa*
   s. str.). — Long. 3,5-4,5 mill.................... 4.

— Vertex sans fossette appréciable en avant des ocelles. Troisième article des antennes à peine plus long que le 4e.
   (Subg. *Dropephylla* Rey). — Long. 2-3 mill........ 6.

4. Ponctuation des élytres assez fine, peu régulière, entremê-
   lée de strioles formant réseau. Antennes presque toujours entièrement rembrunies. Dessus ordinairement
   entièrement noir.................... 1. **floralis** Payk.

— Ponctuation des élytres forte, en séries assez régulières, au
   moins vers la base, sans traces de strioles. Antennes entièrement ou en majeure partie rousses............. 5.

5. Dessus d'un noir de poix; épaules au plus ferrugineuses.
   Abdomen finement ponctué............. 2. **salicis** Gyllh.

—— Dessus d'un roux-testacé; tête, une grande tache à l'angle
postéro-externe de chaque élytre et avant-dernier tergite
rembrunis. Abdomen à ponctuation bien marquée, assez
dense sur les côtés............ * **melanocephala** Fabr. (¹)

6. Ponctuation des élytres forte, en séries régulières. Téguments du dessus (sauf l'abdomen) polis entre les points.
Insecte subconvexe. Coloration normale : noir, pronotum, une tache humérale, base et marges de l'abdomen
d'un roux-testacé vif................. 3. **ioptera** Steph.

— Ponctuation des élytres médiocre ou fine, confuse ou çà et
là en séries irrégulières. Fond du pronotum en général
alutacé. Insecte déprimé. Coloration normale variant du
noir de poix au roux-ferrugineux, sans taches bien tran-
chées.................................... 7.

7. Pronotum faiblement arqué sur les côtés, à ponctuation
assez fine; celle des élytres fine, serrée, en séries irrégulières. Dessus en général d'un noir de poix... 4. **vilis** Er.

—— Pronotum assez fortement arqué sur les côtés, à ponctuation assez forte; celle des élytres forte, peu serrée, tout
à fait confuse. D'un roux ferrugineux, disque du pronotum, région scutellaire des élytres et extrémité de
l'abdomen généralement rembrunis. 5. **gracilicornis** Fairm.

1ᵉʳ Groupe (*Phyllodrepa* s. str.).

1. **P. floralis** Payk., 1790. — Ganglb., p. 740. — *rufipes* (? Fourcr.,
1785). Fauvel, p. 62.

Bois, jardins et lieux habités, sur les fleurs et les buissons; se prend
fréquemment au printemps sur les murs à l'ombre ou contre les vi-
trages des greniers, celliers, bûchers, etc. — CC.

Tout le bassin de la Seine. — Europe, Algérie, Caucase; Amérique
du Nord.

2. **P. salicis** Gyllh., 1810. — Fauvel, p. 62. — Ganglb., p. 740.

Pays frais ou boisés, sur les buissons, notamment l'aubépine; parfois dans les mousses; printemps et automne. — R. (plus commun en
Normandie).

(1) Signalé de Nancy (Roubalet).

Environs de Paris (Ch. Bris.). — Oise : Compiègne (Aubé, sec.
Fauvel). — Eure : Évreux (Régimbart!); Glisolles (Fauvel!). —
Seine-Inférieure : forêt de St-Jacques (Mocquerys, sec. Fauvel); La
Londe (Fauvel); Dieppe (A. Grouvelle). — Calvados : Pont-l'Évêque
(Grenier, sec. Fauvel); forêt de Cinglais; Fontenay-le-Marmion; monts
d'Éraines (Fauvel). — Orne : Couterne; St-Bômer; Lonlay-l'Abbaye
(Fauvel). — Eure-et-Loir : forêt de Senonches (Bedel!). — Seine-et-
Marne : Fontainebleau (Bonnaire, sec. Fauvel). — Aube : Troyes
(Socard, sec. Fauvel). — Somme : marais de Thézy (Carp.). — Loiret :
Gien (Pyot, sec. Fauvel).

Europe septentrionale et moyenne.

2e Groupe (*Dropephylla* Rey).

3. **P. ioptera** Steph., 1834. — Fauvel, p. 64. — Ganglb., p. 741. —
   lucida Er., 1839.

Bois et jardins, dans les arbres creux, les vieux fagots, sur le feuillage, etc.; printemps et automne. — *AC.*

Tout le bassin de la Seine. — Europe septentrionale et moyenne,
Italie.

4. **P. vilis** Er., 1840. — Fauvel, p. 65. — Ganglb., p. 742.

Sous les écorces ou entre les plateaux de bois récemment débités;
parfois sur le feuillage. — *R.*

Somme : bois de Rocogne près Péronne (Delaby). — Calvados : Villers-sur-Mer (Bedel!); Feugerolles; Verson; Sallenelles; Troarn; St-Ju-
lien-sur-Calonne; Fresney-le-Puceux; forêt de Cinglais (Fauvel). —
Orne : Couterne; Lonlay-l'Abbaye (Fauvel). — Manche : Carteret (Fauvel).

Europe et bassin de la Méditerranée.

5. **P. gracilicornis** Fairm., 1856, Faune ent. Fr., I, p. 642, *type* :
   Fontainebleau (Ch. Brisout). — Fauvel, p. 64. — Ganglb., p. 742.

Autour des vieux hêtres ou vieux chênes, sous les écorces, dans les
feuilles sèches du pied ou les plaques de mousse qui recouvrent le
tronc; parfois en battant les chênes à l'époque de la floraison. — *R.*

Seine-et-Oise : forêt de St-Germain (Ch. Bris.!). — Seine-et-Marne :
forêt de Fontainebleau (Ch. Bris., Gruardet!) — Seine-Inférieure : Moulineaux près Rouen (Fauvel). — Calvados : forêt de Cinglais (Fauvel).
— Manche : Beslon (Fauvel). — Somme : bois de Boves (Obert). —

H^{te}-Marne : bois de Rouvroy et de Donjeux!. — [Côte-d'Or : Dijon
(Rouget, sec. Fauvel)].

Europe moyenne occidentale.

3e Groupe (*Hapalaraea* Thoms.).

6. P. pygmaea Gyllh., 1810. — Fauvel, p. 61. — Ganglb., p. 742.

Dans les forêts, surtout celles où domine le hêtre; sur les souches
couvertes de champignons; souvent sur les arbres en fleurs ou sur les
plantes basses; printemps, automne. — R.

Seine-et-Oise : forêt de St-Germain et de Marly (Ch. Bris.!) — Seine-et-
Marne : forêt de Fontainebleau, abondant (Gruardet!); Mouroux près
Coulommiers (Chabanaud!). — Seine-Inférieure : Croisset près Rouen;
forêt Verte (Fauvel). — Eure : Évreux; Cailly (Rég.!); Bernay (Le
Bouteiller sec. Fauvel). — Calvados : Ouville-la-Bien-Tournée (Pes-
chet!); Sallenelles; Merville; Trouville; forêt de Cinglais (Fauvel). —
Orne : Lassay; Couterne (Perrier, sec. Fauvel). — Somme : environs
d'Amiens, assez commun (Carp.). — Oise : forêt de Compiègne (Ph.
Grouv.!); Précy-sur-Oise (Bedel!). — Aube : Villechétif (Polle-Deviermes, sec. Fauvel).

Europe septentrionale et moyenne; Corse!.

4e Groupe (*Hypopycna* Rey).

7. P. rufula Er., 1840. — Fauvel, p. 60. — Ganglb., p. 742.

Bois et jardins, sous les écorces, dans les fagots, etc.; parfois au vol
ou sur les murs. — RR.

Seine et Seine-et-Oise : Paris (Aubé!); St-Germain (Ch. Bris.!). —
Seine-Inférieure : Dieppe; forêt de La Londe (Fauvel). — Calvados :
Bures (Fauvel).

Europe moyenne et méridionale, bassin de la Méditerranée.

12. Genre **Homalium** Grav., 1802.

Larves : P. de Peyerimhoff in Bull. Soc. Ent. Fr. [1898], p. 164.

Le genre *Homalium*, tel qu'il est actuellement limité, est très homogène, assez nombreux en espèces et largement répandu dans tout
l'hémisphère boréal. Les *Homalium* recherchent surtout les matières
végétales décomposées; quelques-uns sont exclusivement maritimes;
un espèce (*H. validum* Kr.) a des tendances lucifuges et pénètre volon-
tiers dans les grottes et dans les terriers.

Chez les ♂, les tarses antérieurs sont légèrement dilatés.

Espèces.

1. Yeux grands, leur diamètre longitudinal nettement supérieur à la longueur des tempes. Élytres plus longs que la tête et le pronotum réunis. Insecte (normalement coloré) en majeure partie noir ou brun (1).............. **2.**

— Yeux réduits, leur diamètre longitudinal ne dépassant pas la longueur des tempes. Élytres au plus aussi longs que la tête et le pronotum réunis. Insecte en majeure partie d'un roux ferrugineux........................ **9.**

2. Gouttière latérale des élytres large et profonde; ceux-ci très déprimés, marqués d'une impression oblique vers l'épaule et d'une autre parallèle à la suture qui est un peu relevée. Insecte entièrement d'un noir de poix, brillant; antennes entièrement foncées; impressions du pronotum rapprochées, profondes; abdomen brillant, sans ponctuation appréciable. — Long. 3-3,5 mill.............. .... **7. excavatum** Steph.

— Gouttière latérale des élytres étroite................... **3.**

3. Ponctuation du cou très espacée. — Antennes ayant au moins le 1er article d'un roux testacé. — (Espèces maritimes)....................................... **4.**

— Ponctuation du cou aussi serrée que celle du vertex....... **5.**

4. Ponctuation de la tête, du pronotum et des élytres fine et éparse. Élytres un peu rugueuses, surtout en arrière. Épaules roussâtres; parfois le pronotum et les élytres en entier d'un brun ferrugineux. — Long. 4-4,5 mill...... .... **1. laeviusculum** Gyllh.

— Ponctuation de la tête et du pronotum assez forte, irrégulièrement distribuée; celle des élytres forte, serrée. Coloration normale : d'un noir de poix, marge postérieure des élytres et extrémité de l'abdomen ferrugineux. — Long. 3-3,5 mill.................... **2. riparium** Thoms.

5. Ponctuation de la tête et des reliefs prothoraciques très dense. Insecte d'aspect mat. Base des antennes en général rembrunie. — Long. 3-3,5 mill....... ..... **6. caesum** Grav.

(1) Chez une variété de l'*H. caesum* Grav., assez commune en Provence, le pronotum et les épaules sont d'un roux vif, les élytres et l'abdomen d'un ferrugineux obscur.

— Ponctuation de la tête et des reliefs prothoraciques peu ser-
réc. Insecte plus ou moins brillant.................. 6.

6. Tête très finement striolée entre les points, peu brillante. —
Abdomen très mat. Insecte étroit, parallèle. Coloration
normale : d'un brun marron foncé, tête noirâtre, épaules,
angles postérieurs du pronotum et marges abdominales
ferrugineux. — Long. 2,8-3,2 mill....... 4. **Allardi** Fairm.

— Tête polie entre les points......................... 7.

7. Base des antennes testacée. Impressions discales du pronotum assez profondes. — Long. 3 à 4 mill.. 3. **rivulare** Payk.

— Base des antennes brune. — Long. 1,5-2,8 mill......... 8.

8. Impressions discales du pronotum superficielles. Ponctuation
des élytres simple. — Long. 2,2 à 2,8 mill...........
.... 5. **oxyacanthae** Grav.

— Impressions discales du pronotum profondes. Ponctuation
des élytres confluente et longitudinalement ruguleuse,
surtout vers l'extrémité. Forme étroite. — Long. 1,5-2
mill................................ *****exiguum** Gyllh. ([1]).

9. Ponctuation de la tête et des reliefs prothoraciques espacée.
Impressions du vertex fovéiformes. Insecte épais, brillant, subconvexe. — Long. 4-5 mill........ 8. **validum** Kr.

— Ponctuation très serrée sur la tête, assez serrée sur les
reliefs prothoraciques. Impressions du vertex en forme
de traits. Insecte déprimé, mat. — Long. 2,3-2,8 mill...
.... ***** **nigriceps** Kiesw. ([2]).

1. **H. laeviusculum** Gyllh., 1810. — Fauvel, p. 76, note. —
Ganglb., p. 734. — *fucicola* Kr., 1857.

Plages maritimes, sous les algues, surtout celles en état de décomposition avancée. — *AR.*

Pas-de-Calais : Boulogne-sur-Mer (Lefèvre, sec. Fauvel). — Somme :
St-Valery-sur-Somme (Aubé, sec. Fauvel); Ault (Delaby). — Seine-
Inférieure : Dieppe (Fauvel); cap de la Hève (F. de Saulcy, sec. Fau-
vel). — Calvados : Luc-sur-Mer; Cricqueville (Fauvel); Grandcamp
(Bedel!).

(1) A été trouvé à Rennes et à Morlaix.
(2) Insecte assez commun dans les mousses des forêts des Vosges, du Plateau Central et des Pyrénées.

Islande, Scandinavie, Iles Britanniques, Allemagne du Nord, France occidentale.

2. H. riparium Thoms., 1856. — Fauvel, p. 76. — Ganglb., p. 734.

Plages maritimes, sous les algues et les débris rejetés par la marée. — AC.

Seine-Inférieure : Dieppe; Le Havre (Fauvel). — Calvados : Cricqueville; Asnelles; Luc-sur-Mer; Merville; Courseulles (Fauvel); Grand-camp (Bedel!).

Littoral de l'Europe et du Nord de l'Afrique.

3. H. rivulare Payk., 1789. — Fauvel, p. 78. — Ganglb., p. 734.

Sous les détritus en décomposition de toute nature, surtout ceux d'origine végétale; bois et jardins; surtout en automne. — La larve, observée et décrite par P. de Peyerimhoff (loc. cit.), a été trouvée en février dans des feuilles décomposées; elle est carnassière, mais relativement peu agile; elle se retire pour la nymphose dans une loge grossière qu'elle construit dans le sol. — CC.

Tout le bassin de la Seine.

Europe, bassin de la Méditerranée; Californie.

4. H. Allardi Fairm. et Ch. Bris., 1859, in Ann. Soc. ent. Fr., [1859], p. 44, *type* : environs de Paris. — Fauvel, p. 75. — Ganglb., p. 735.

Surtout au voisinage des lieux habités; spécialement dans le guano des poulaillers, pigeonniers, etc. — R.

Seine : Paris, dans une cave (Ch. Bris.); jardin des Tuileries (H. Bris.!). — Seine-Inférieure : Quevilly; Elbeuf (Fauvel). — Eure : Évreux (Régimb.!). — Calv. : Caen; Bures; Bernières-sur-Mer (Fauvel). — Somme : Amiens (Obert); Marcelcave; Sailly-le-Sec; île Ste-Aragone (Delaby). — Marne : Thuisy (Lajoye!). — Aube : Chennegy; Villechétif (Le Brun, sec. Fauvel). — Côte d'Or : [Dijon (Rouget, sec. Fauvel)]. — Loiret : [Gien, (Pyot, sec. Fauvel)].

Scandinavie, Europe occidentale, bassin de la Méditerranée.

5. H. oxyacanthae Grav., 1806. — Fauvel, p .73. — Ganglb., p. 735. — *caesum* ✝ Lac., Faune ent. Par., I, p. 470.

Dans les mousses, le foin en fermentation, les fagots, etc.; souvent au vol ou sur les fleurs. — AR.

Presque tout le bassin de la Seine. — Europe, Barbarie, Sibérie.

6. **H. caesum** Grav., 1806. — Fauvel, p. 73. — Ganglb., p. 736.

Bois et jardins; comme l'*H. rivulare* et souvent avec lui. — *C.*

Tout le bassin de la Seine. — Europe et bassin de la Méditerranée.

7. **H. excavatum** Steph., 1834. — Fauvel, p. 75. — Ganglb., p. 736. — *fossulatum* Er., 1839.

Surtout dans les bois; aussi dans les jardins et autour des habitations. — *AR.*

Presque tout le bassin de la Seine. — Toute l'Europe.

8. **H. validum** Kraatz, 1857. — Fauvel, p. 77. — Ganglb., p. 737.

Espèce à tendances lucifuges (¹); dans notre région, elle a été prise assez régulièrement sur des appâts déposés dans les terriers de lapins; automne et hiver. — *RR.*

Seine-et-Oise : forêt de St-Germain, sur un cadavre de mammifère (Ch. Bris.!). — Oise : forêt de Compiègne (Sedillot, sec. Fauvel). — Aisne : Soissons, terriers de lapins (G. de Buffévent!). — Seine-Inférieure : forêt de la Londe (Fauvel). — Eure : bois d'Osmoy près Bouquelon, sur une plaie de hêtre (Degors!). — Calvados : forêt de Cinglais, terriers de lapins, en assez grand nombre (Dubourgais!).

Auvergne, Lyonnais; Europe moyenne.

13. Genre **Phloeonomus** Heer, 1839.

Syn. *Homalium* (*pars*) Fauv. — *Distemmus* Le Conte.

Métam. : Perris, Ins. du Pin maritime, I, p. 56.

Le genre *Phloeonomus*, tel qu'il a été compris par Ganglbauer, renferme quelques espèces assez disparates, en général très déprimées et vivant exclusivement sous les écorces. Elles sont propres à la région paléarctique et à l'Amérique du Nord.

Les différences sexuelles sont peu apparentes.

La larve du *P. pusillus* Grav., décrite par Perris, diffère par des caractères importants de celle de l'*Homalium rivulare* Payk.; le peu d'affinité constaté entre ces larves est le meilleur argument en faveur du maintien des coupes génériques créées aux dépens de l'ancien genre *Homalium* (sensu Erichson).

____

(¹) Le *type* provenait d'une caverne à stalactites et j'en possède un individu provenant de la grotte de Gross-Ottock (Carniole).

ESPÈCES FRANÇAISES.

1. Pronotum sans fossettes discoïdales. — (Subg. *Phlœostiba*
   Thoms.).. **2.**

— Pronotum marqué sur son disque de deux fossettes longitudinales plus ou moins profondes...................... **3.**

2. Bord antérieur du pronotum bifovéolé, un peu bossué;
   marge latérale étroite en arrière; ponctuation du pronotum et des élytres bien marquée, assez serrée. —
   Long. 2-3,3 mill............................ 1. **planus** Payk.

— Bord antérieur du pronotum plan, égal; marge latérale
   explanée en arrière; ponctuation du pronotum et des
   élytres obsolète et très espacée. — Long. 2-2,5 mill...
   .... 2. **lapponicus** Zett.

3. Avant-corps brillant, à ponctuation nette. Antennes longues,
   assez grêles, les 6 derniers articles formant une massue
   brusque, nettement rembrunie, longuement sétuleuse.
   — Long. 2,8-3,3 mill. — (Subg. *Xylostiba* Ganglb.)....
   .... * **monilicornis** Gyllh.

— Avant-corps mat, à ponctuation obsolète. Antennes courtes,
   à massue peu distincte, au plus vaguement rembrunie
   et sans ciliation spéciale. — Long. 1,5 à 2 mill. — (Subg.
   Phlœonomus s. str.).. **4.**

4. Élytres et abdomen à ponctuation très espacée, un peu
   brillants; insecte allongé, très aplati...... 3. **pusillus** Grav.

— Élytres et abdomen densément ponctués, rugueux, très
   mats; insecte plus court, moins aplati; bords latéraux
   du pronotum nettement angulés......... 4. **minimus** Er.

1ᵉʳ Groupe (*Phlœostiba* Thoms.).

1. **P. planus** Payk., 1792. — Fauvel, p. 70. — Ganglb., p. 732.

Bois et forêts, sous les écorces, surtout celles des Amentacées; aussi
sur les bois récemment débités et parfois dans les fagots. — **AC.**
Tout le bassin de la Seine. — Toute l'Europe; Sibérie.

2. **P. lapponicus** Zett., 1828. — Fauvel, p. 69. — Ganglb., p. 732.

Sous les écorces des Abiétinées. — *RR.* et probablement accidentel.
Seine-et-Marne : forêt de Fontainebleau, un individu (Bedel, 1904!);

ertainement introduit depuis les grandes plantations de Pin sylvestre.

Europe septentrionale et régions montagneuses de l'Europe centrale. Sibérie, Amérique du Nord.

2e Groupe (*Phloeonomus* s. str.).

3. **P. pusillus** Grav., 1806. — Fauvel, p. 71. — Ganglb., p. 732.

Sous les écorces d'arbres d'essences très diverses!; la larve a été observée par Perris (loc. cit.) sous les écorces du Pin maritime des Landes, dans les galeries de l'*Ips erosus* Woll. (*laricis* ‡ Perris). — *CC*.

Tout le bassin de la Seine. — Région paléarctique; Amérique du Nord.

4. **P. minimus** Er., 1839. — Fauvel, p. 71. — Ganglb., p. 733.

Sous les écorces et autour des plaies de chêne; souvent entre les plateaux de chêne récemment débités; printemps, automne. — *RR*.

Env. de Paris (Ch. Bris.!). — Marne : forêt de Troisfontaines!. — Côte-d'Or : [Beaune; forêt de Citeaux (Rouget)].

Europe tempérée.

14. Genre **Xylodromus** Heer, 1839.

Syn. *Etheothassa* Thoms., 1859.

Les *Xylodromus*, remarquables par leur corps parallèle et leurs antennes robustes, comprennent quelques espèces propres à la région paléarctique; on les trouve principalement sous les écorces, dans le tan des vieux arbres, dans les fagots et parfois dans les débris végétaux.

ESPÈCES FRANÇAISES.

1. Antennes médiocrement robustes; 4e et 5e articles non transverses. Insecte brillant, entièrement d'un ferrugineux clair, avec la tête et l'extrémité de l'abdomen ordinairement brunâtres. Élytres à ponctuation normale, assez forte. — Long. 2,5-3 mill.............. 1. **testaceus** Er.

— Antennes très robustes, le 5e article au moins nettement transverse. Insecte brun ou noir. — Long. 3-3,5 mill... 2.

2. Pronotum mat, finement et densément ponctué, à pubescence très apparente. Élytres finement et densément ponctuées, sans rides longitudinales bien marquées...
.... 2. **deplanatus** Gyllh.

— Pronotum brillant, presque glabre, à ponctuation espacée.
Élytres à ponctuation confluente, déterminant des rides
longitudinales .... 3.

3. Antennes entièrement ferrugineuses; insecte d'un brun de
poix, élytres souvent rougeâtres. Tête médiocre. Élytres
à fond poli entre les points.......... 3. **concinnus** Marsh.

— Antennes brunes à base plus claire; dessus entièrement
noir. Tête relativement grosse, presque aussi large que
le pronotum. Élytres légèrement chagrinés entre les
points .... 4. **affinis** Gerh.

1. **X. testaceus** Er., 1840. — Fauvel, p. 67. — Ganglb., p. 730.

Sous les écorces, la mousse au pied des vieux chênes, hêtres, etc.;
assez souvent au vol ou sur les plantes basses. — *R.*

Seine-et-Oise : forêt de S¹-Germain et de Marly (Ch. et H. Bris.!);
La Ferté-Alais (Bedel!). — Seine-et-Marne : forêt de Fontainebleau,
octobre et novembre, en fauchant sous une futaie de hêtres (Gruardet!).
— Oise : forêt de Compiègne (Bedel!). — Yonne : Seignelay (Sedillot,
sec. Fauvel).

Europe septentrionale et moyenne.

2. **X. deplanatus** Gyllh., 1810. — Fauvel, p. 68. — *depressus* Grav.,
1802 (*nom. praeocc.*). — Ganglb., p. 730. — *oblongus* Lac., Faune
ent. Par., I, p. 473, *type* : environs de Paris.

Sous les écorces, dans les fagots, sous les pièces de bois humides;
parfois dans les meules de roseaux. — *AR.*

Presque tout le bassin de la Seine. — Toute l'Europe.

3. **X. concinnus** Marsh., 1802. — Fauvel, p. 68. — Ganglb., p. 730.

Dans les bois, mais surtout dans les jardins et lieux habités, caves,
celliers, bûchers, etc.; parfois sur les fleurs. — *C.*

Tout le bassin de la Seine; assez commun dans l'intérieur de Paris!.
— Toute l'Europe.

4. **X. affinis** Gerhardt, 1877, in Zeitschr. f. Entom. Breslau [1877],
p. 33; [1902], p. 13 (*syn.*). — *cephalotes* Epp., 1884. — Ganglb.,
p. 730.

Vit probablement dans les vieux arbres; a été trouvé (en Allemagne) en compagnie du *Lasius fuliginosus*. — *RR.*

Seine-et-Oise : Marly (Fauvel). — Aube (Fauvel). — Calvados : Fontenay-le-Marmion (Fauvel).

Départements du Nord, du Morbihan, de la H^{te}-Loire et des H^{tes}-Pyrénées ; Suisse, Allemagne du Sud, Autriche, Russie, Caucase.

15. Genre **Micralymma** Westwood, 1838.

Biol. : Laboulbène in Ann. Soc. ent. Fr., [1858], p. 73-110.

Genre très curieux, remarquable à la fois par la brièveté des élytres et par les mœurs sous-marines de la plupart des espèces.

M. marinum Stroem, 1785. — Fauvel, p. 82. — Ganglb., p. 729. — *brevipenne* Gyllh., 1810. — D'un noir profond, mat ; base des antennes et pattes d'un brun de poix, parfois rougeâtres. Dessus à ponctuation assez fine et espacée, d'ailleurs très variable, un peu rugueuse sur les élytres et plus dense sur l'abdomen. Pronotum à peine plus large que long, atténué vers la base. Élytres un peu plus courts que le pronotum, s'élargissant en arrière. — ♂, premiers tergites abdominaux distinctement fovéolés de chaque côté à la base. — Long. 2 à 3 mill.

Côtes maritimes, dans la zone découverte à marée basse ; dans les fissures des rochers, sous les algues. La larve, étudiée par Laboulbène, vit dans les mêmes conditions que l'insecte parfait. — *AR.*

Seine-Inférieure : Dieppe, Étretat, cap de la Hève, Bléville (Fauvel). — Calvados : Villerville, Trouville, Bénerville, Auberville, Houlgate, Arromanches (Fauvel!). — Manche : St-Vaast-la-Hougue, Gatteville, Jobourg (Fauvel!).

Côtes de Bretagne, d'Angleterre, de Danemark et de Scandinavie.

16. Genre **Philorinum** Kraatz, 1858.

Les *Philorinum*, remarquables par leur corps pubescent et la longueur des tarses postérieurs, se tiennent sur les fleurs ; ils sont peu nombreux en espèces et propres à la région paléarctique.

P. sordidum Steph., 1834. — Fauvel, 84. — Ganglb., p. 727. — *humile* Er., 1840. — *cadomense* Fauvel, 1863, ap. Grenier, Mat. Fn. Fr., p. 42, *type* : environs de Caen. — Allongé, d'un brun noirâtre, couvert d'une fine pubescence grise très apparente ; pronotum et élytres parfois plus clairs ; base des antennes et pattes testacées. Tête et pronotum à ponctuation dense, assez forte. Pronotum transversal ; angles postérieurs arrondis. Élytres environ deux fois plus longs que le pronotum, un peu plus fortement ponctués. Abdomen à ponctuation très fine, assez serrée. — Long. 2-2,5 mill.

Falaises, coteaux, lisière des bois, sur les fleurs des grandes Génistées, principalement de l'ajonc (*Ulex europaeus* L.) et du genêt à balais (*Sarothamnus scoparius* Koch); printemps. — C. (surtout sur les terrains anciens ou siliceux, tels qu'une partie de la Normandie, le Morvan, etc.).

Presque tout le bassin de la Seine. — Europe moyenne et méridionale, Oural, Atlantide, Barbarie; Est-Africain allemand.

17. Genre **Orochares** Kraatz, 1858.

Le genre *Orochares*, établi par Kraatz pour le *Deliphrum angustatum* d'Erichson, est remarquable par son facies, qui rappelle celui des *Anthophagus*. La seule espèce connue, propre à l'Europe moyenne (1), ne se trouve guère que pendant l'hiver.

Le ♂ a les tarses antérieurs sensiblement dilatés.

O. **angustatus** Er., 1840. — Fauvel, p. 100. — Ganglb., p. 726. — Allongé, assez déprimé; d'un noir brillant, parfois un peu bronzé sur la tête et le pronotum; élytres d'un brun fauve; base des antennes et pattes testacées. Tête et pronotum à ponctuation très fine, éparse. Pronotum en carré transverse, avec les angles arrondis. Élytres bien plus larges et deux fois et demie plus longs que le pronotum, à ponctuation assez forte, très dense. Abdomen presque lisse. — Long. 3,5-4 mill.

Dans les fumiers, les détritus végétaux, les mousses; parfois au vol; en hiver (de novembre à avril). — *RR*.

Seine-et-Oise : S*t*-Germain (Ch. Bris.!). — Aube (Fauvel). — H*te*-Marne : S*t*-Dizier, en ville!; Langres (E. Royer!).

France orientale; Allemagne.

18. Genre **Phyllodrepoidea** Ganglb., 1895.

Syn. *Deliphrum (pars)* Fauvel.

Cette coupe, créée par Ganglbauer pour le *Deliphrum crenatum* d'Erichson et des auteurs suivants, est bien caractérisée par son fa-

---

(1) Fauvel (Rev. d'Ent., [1889], p. 126) en signale un individu pris aux États-Unis.

cies et par la petitesse du 4e article des antennes. L'unique espèce connue fait assez bien le passage entre les *Homalium* et les genres qui suivent : elle est propre à l'Europe tempérée et vit exclusivement sous les écorces des arbres non résineux.

Les caractères sexuels sont peu appréciables.

P. crenata Gravh., 1802. — Fauvel, p. 96. — Ganglb., p. 724. — Oblong, peu convexe, presque glabre, d'un brun de poix plus ou moins roussâtre ; base des antennes et pattes testacées. Tête creusée en avant des yeux de deux fossettes profondes et densément ponctuées ; le reste de sa surface à ponctuation très espacée. Pronotum fortement transverse, obsolètement fovéolé vers le milieu de ses côtés, marqué de deux points plus gros sur le milieu du dos. Ponctuation des élytres en séries assez régulières, un peu obliques, convergeant en arrière. — Long. 4-5 mill.

Sous les écorces, notamment celles du peuplier (Méquignon, etc.) et du hêtre (Gruardet). — *RR.*

Seine-et-Oise : Montfermeil (Méquignon!), Le Raincy (Peschet!). — Seine-et-Marne : forêt de Fontainebleau (Gruardet!) — Aube (Fauvel). — Marne : Thilloy ; Guignicourt (Bellevoye!).

Scandinavie (très rare) ; Europe moyenne et méridionale ; Corse.

19. Genre Lathrimaeum Er., 1839.

Revision : G. Luze in Verh. zool. bot. Ges. Wien [1905], p. 53.

Groupe naturel et très homogène, spécial à la région paléarctique et à l'Amérique du Nord.

Chez les ♂, les tarses antérieurs sont dilatés et les tibias des deux premières paires plus ou moins visiblement modifiés.

Espèces.

1. Côtés du pronotum régulièrement arrondis jusqu'aux angles postérieurs ; ceux-ci très obtus, arrondis au sommet ; bord antérieur du pronotum, vu de haut, paraissant sensiblement rectiligne d'un angle à l'autre. Coloration normale : d'un roux-ferrugineux, tête ordinairement rembrunie. — Long. 2,5-3 mill. . . . .
. . . . 3. **atrocephalum** Gyllh.

— Côtés du pronotum redressés vers les angles postérieurs ; ceux-ci droits ou presque droits ; bord antérieur, vu de

haut, paraissant légèrement échancré au milieu, avec
les angles antérieurs un peu proéminents.............   **2.**

2. Dessus d'un testacé obscur, avec un très léger reflet bronzé ;
tête noire. Pronotum marqué d'un sillon médian, suivi
d'une impression peu profonde. Élytres parallèles, au
moins deux fois et demie aussi longs que le pronotum.
— ♂, tibias antérieurs atténués à la base, légèrement
dilatés et feutrés au bord interne ; tibias intermédiaires
légèrement incurvés. — Long. 3,5-4 mill.............
....   1. **melanocephalum** Illig.

— Insecte entièrement d'un testacé clair. Pronotum sans impressions. Élytres élargis en arrière, environ deux fois
aussi longs que le pronotum. — ♂, tibias peu sensiblement modifiés. — Long. 3-3,5 mill.....   2. **unicolor** Marsh.

1. **L. melanocephalum** Illig., 1794. — Fauvel, p. 92. — Ganglb.,
p. 722.

Forêts un peu élevées, dans les champignons en décomposition :
septembre à novembre. — *R.*

H^te-Marne : Gudmont ! ; Manois ! ; Auberive !. — [Côte-d'Or : environs
de Dijon (Rouget)]. — Existe dans l'Autunois et très probablement
aussi dans le Morvan.

Régions montagneuses de la France (sauf les Pyrénées); Europe
moyenne.

2. **L. unicolor** Marsh., 1802. — Fauvel, p. 93. — Ganglb., p. 722.
— *luteum* Er., 1840.

Dans les bois, sous les mousses, les fagots, les débris de bois, les
champignons, etc. — *AR.*

Presque tout le bassin de la Seine. — Europe tempérée, surtout
vers l'ouest : péninsule Ibérique.

3. **L. atrocephalum** Gyllh., 1827. — Fauvel, p. 94. — Ganglb.,
p. 722.

Comme le précédent. — *C.*

Tout le bassin de la Seine. — Europe septentrionale et moyenne,
bassin de la Méditerranée, Caucase ; Japon ; Californie.

20. Genre **Olophrum** Er., 1839.

Revision : Luze in Verh. zool. bot. Ges. Wien, [1905], p. 33.

Genre voisin du précédent et comme lui très homogène; les *Olophrum*, assez peu nombreux, appartiennent pour la plupart à la faune boréale et alpine.

Chez les ♂, les tarses antérieurs sont dilatés.

Espèces.

1. Angles postérieurs du pronotum légèrement accusés; ses côtés marqués d'une fossette superficielle au-dessus de la gouttière marginale. Coloration normale : pronotum et élytres roux-testacé, tête et abdomen d'un brun marron. Élytres relativement courts, moins de deux fois aussi longs que le pronotum. — Long. 4 mill.....
.... * **assimile** Payk. (¹).

— Angles postérieurs du pronotum complètement arrondis; côtés sans fossette; élytres au moins deux fois aussi longs que le pronotum............................ 2.

2. Pronotum à ponctuation assez dense et régulière; sa plus grande largeur voisine du milieu. Coloration normale : d'un brun assez foncé, avec la marge du pronotum rougeâtre. — Long. 4-4,5 mill.............. 1. **fuscum** Gravh.

— Pronotum à ponctuation écartée et irrégulière; sa plus grande largeur voisine de la base. Coloration normale : d'un ferrugineux uniforme. Insecte large, convexe. — Long. 4,5-6 mill..................... 2. **piceum** Gyllh.

1. **O. fuscum** Gravh., 1806. — Fauvel, p. 98. — Ganglb., p. 720.

Endroits marécageux. — *RR.*

Aisne : étang de la Ramée près Corcy, mars et avril 1905, deux individus (G. de Buffévent!).

Europe boréale et moyenne jusqu'à l'Allemagne du Nord et aux Pays-Bas.

---

(1) Cette espèce, assez répandue dans la région rhénane et sur le Plateau Central de la France (jusqu'au département de l'Aveyron!), pourrait à la rigueur se retrouver dans les parties élevées du bassin de la Seine, par exemple dans les tourbières du haut Morvan.

2. O. piceum Gyllh., 1810. — Fauvel, p. 97. — Ganglb., p. 720.

Sous les mousses et les feuilles mortes, surtout dans les parties humides des bois. — *AC.*

Tout le bassin de la Seine. — Europe septentrionale et moyenne.

21. Genre **Arpedium** Er., 1839.

Les espèces de ce genre, peu nombreuses, appartiennent aussi pour la plupart à la faune boréale et alpine. Les *Arpedium* ♂ ont parfois les fémurs antérieurs épaissis et les tibias antérieurs dilatés au bord interne.

A. quadrum Gravh., 1806. — Fauvel, p. 86. — Ganglb., p. 718. — Allongé, presque glabre, brillant; d'un noir ou d'un brun de poix, pronotum et élytres en général plus clairs, au moins sur leurs marges. Tête inégale; front bifovéolé en avant des ocelles. Pronotum quadrangulaire, d'un tiers plus large que long, fovéolé sur les côtés, à ponctuation forte, irrégulièrement espacée. Élytres presque deux fois plus longs que le pronotum (forme type) (1), à ponctuation forte, assez dense çà et là en séries irrégulières, surtout vers la suture. Abdomen alutacé, à peine ponctué. — ♂, fémurs antérieurs épaissis; bord interne des tibias antérieurs dilatés en angle obtus vers le milieu de leur longueur. — Long. 5 à 6 mill.

Marais froids. — *RR.*

Somme : marais de Rivery et de Longueau (Obert); marais de Hailles (Delaby); Boves; Boutillerie (Carpentier). — Aube : Les Riceys (Le Grand, sec. Fauvel); Montchaux (Le Brun).

France orientale; Europe septentrionale et moyenne; Amérique du Nord.

22. Genre **Acidota** Steph., 1834.

Revision : Luze in Verhandl. zool. bot. Ges. Wien, [1905], p. 69.
Biol. : Beling in Arch. f. Natürgesch., XLIII, [1877], p. 50.

Les *Acidota* comprennent un petit nombre d'espèces répandues surtout dans les zones froides ou glacées de l'hémisphère boréal; les deux espèces suivantes atteignent dans la France tempérée l'extrême limite de leur habitat en plaine. Comparées au genres voisins, elles ont la démarche lente; on les trouve surtout en hiver.

(1) La race brachyptère *alpinum* Fauvel est étrangère au bassin de la Seine.

Espèces Françaises.

1. Épistome relevé en un bourrelet saillant sur tout son bord antérieur; front plan. Troisième article des antennes à peine plus long que les suivants; ceux-ci allongés. Pronotum arrondi sur les côtés, à convexité régulière. Élytres à stries ponctuées presque régulières. — Long. 5-7 mill.............................. **1. crenata** Fabr.

— Épistome relevé en bourrelet sur les côtés seulement; front impressionné. Troisième article des antennes bien plus long que les suivants, ceux-ci simplement oblongs. Pronotum déprimé, très faiblement arqué sur les côtés, biimpressionné sur le disque. — Long. 4-5 mill.......
.... **2. cruentata** Mannh.

1. **A. crenata** Fabr., 1792. — Fauvel, p. 89. — Ganglb., p. 717.

Forêts et prairies, dans les mousses très humides, sous les feuilles mortes, au pied des arbres, etc. La larve, observée par Beling (*loc. cit.*), a été trouvée dans le terreau de feuilles mortes de hêtre en compagnie de nombreuses larves de *Sciara gregaria* (Diptère), dont elle paraissait faire sa nourriture. — *RR.*

Seine et Seine-et-Oise : bois de Boulogne; St-Germain (Lacordaire), forêt de Marly (Ch. Bris. !). — Eure : Pont-Audemer, bords de la Risle, un individu (Degors). — Calvados : parc de Balleroy, un individu (Bedel !).

Europe septentrionale et moyenne, Caucase, Sibérie, Amérique du Nord.

2. **A. cruentata** Mannh., 1830. — Fauvel, p. 89. — Ganglb., p. 717.
— *ferruginea* Lac., Fn. ent. Paris, I, p. 477, *type* : région de Paris.

Bois et jardins, sous les feuilles mortes, dans les mousses; parfois courant sur le sol gelé; surtout en hiver. — *R.*

Seine et Seine-et-Oise : jardins de Paris !; bois de Boulogne; St-Germain (Ch. Bris. !). — Seine-et-Marne : Fontainebleau, en ville (Gruardet !). — Seine-Inférieure : Rouen (Le Bouteiller, sec. Fauvel); Orival (Levoiturier, sec. Fauvel). — Eure : Évreux (Rég. !); Romilly-sur-Andelle (Lancelevée, sec. Fauvel). — Calvados : Cabourg (Fauvel). — Orne (Fauvel). — Marne : Aussonce (Lajoye). — Hte-Marne : Gudmont !.

Europe septentrionale et moyenne; province d'Alger (P. de Peyerimhoff).

23. Genre **Lesteva** Latr., 1796.

Révision : Luze in Verh. zool. bot. Ges. Wien, [1903], p. 179

Genre très voisin des deux suivants, mais bien caractérisé par la longueur du dernier article des palpes maxillaires. Les *Lesteva*, médiocrement nombreux et propres à l'hémisphère boréal, vivent au bord des eaux, principalement dans les mousses détrempées au bord des eaux vives, plus rarement dans les marais; quelques-uns d'entre eux s'enfoncent à une certaine profondeur dans les grottes qui donnent naissance à des sources.

Chez les ♂, le bord postérieur du 6ᵉ sternite abdominal est légèrement échancré; il est au contraire un peu prolongé chez les ♀.

Espèces.

[Long. 3,5-4,5 mill.]

1. Pronotum non fovéolé vers le milieu de ses côtés, au plus légèrement impressionné vers les angles postérieurs. Ponctuation de l'avant-corps médiocre ou fine, celle de de l'abdomen très fine. Insecte déprimé, ailé.......... 2.

— Pronotum marqué vers le milieu de ses côtés d'une fovéole bien accusée et assez profonde. Ponctuation de l'avant-corps forte, celle des élytres très grosse, profonde, celle de l'abdomen assez fine, bien nette. Insecte subconvexe, aptère.. 4.

2. Tête paraissant simplement bifovéolée, par suite de l'oblitération plus ou moins complète des sillons juxtaoculaires. Ponctuation de la tête relativement forte, homogène. Élytres assez fortement ponctués, plus de deux fois aussi longs que le pronotum. Tarses postérieurs assez courts, le premier article au plus égal aux deux suivants réunis.................. 3. **longelytrata** Goze.

— Tête marquée de deux sillons juxtaoculaires larges et profonds, souvent réunis en avant par une dépression de l'épistome, et creusée à hauteur des yeux d'une fossette ponctiforme profonde; ponctuation des sillons bien plus fine et plus dense que celle de leur intervalle. Pronotum et élytres finement ponctués. Tarses postérieurs relativement longs, le premier article subégal aux trois suivants réunis....................................... 3.

3. Ponctuation du pronotum très dense. Dessus revêtu d'une
   pubescence très fine et très serrée, soyeuse. Élytres pas
   plus de deux fois plus longs que le pronotum, fortement élargis en arrière. Tarses postérieurs évidemment
   plus longs que la moitié des tibias.... **1. pubescens** Mannh.

— Ponctuation du pronotum espacée, notamment vers le milieu de la base. Pubescence beaucoup moins apparente.
   Élytres plus de deux fois plus longs que le pronotum,
   médiocrement élargis vers l'arrière. Tarses postérieurs
   à peu près égaux à la moitié des tibias. **2. fontinalis** Kiesw.

4. Rebord latéral du pronotum complètement effacé en arrière.
   Fossettes frontales bien marquées. Insecte d'un brun de
   poix.................................... **3. punctata** Er.

— Rebord latéral du pronotum continué jusqu'aux angles postérieurs. Fossettes frontales obsolètes. Insecte d'un brun
   ferrugineux.............................. **4. Heeri** Fauvel.

1. **L. pubescens** Mannh., 1830. — Fauvel, p. 101. — Ganglb., p. 713.

Bord des sources et des ruisseaux, sous les pierres et les mousses
très humides, presque dans l'eau. — *R.*

Seine-et-Oise : Marly (Ch. Bris., sec. Fauvel). — Somme : bords de
la Vieille-Somme (Obert). — Calvados : Caen; Bénerville; Percy; Venoix; Verson; Fresney-le-Puceux, forêt de Cinglais; Isigny (Fauvel).
— Eure : Arnières (Portevin, sec. Fauvel). — H^te-Marne : Orquevaux !.
Europe septentrionale et moyenne.

2. **L. fontinalis** Kiesw., 1850. — Fauvel, p. 102. — Ganglb., p. 714.

Comme le précédent. — *R.*

Eure : Évreux (Rég. !). — Calvados : Fresney-le-Puceux; Béner-
ville, Trouville (Fauvel). — Orne : [Alençon (Fauvel)]. — Somme :
Amiens, île Ste-Aragone (Delaby). — Côte-d'Or : Montbard (Gruardet !).
— H^te-Marne : Auberive !.
Europe tempérée et méridionale; Barbarie.

3. **L. longelytrata** Goeze, 1777, Ent. Beytr., I, p. 729, *type :* environs
   de Paris. — Fauvel, p. 104. — Ganglb., p. 714. — *macroelytron*
   Fourcr., 1785, Ent. paris., I, p. 164, *type :* environs de Paris. —
   bicolor Fabr., 1792, Er.

Bords des eaux courantes ou stagnantes. — *CC.*
Tout le bassin de la Seine. — Toute l'Europe.

4. L. Heeri Fauvel, 1873, Faune gallo-rhén., III, p. 106, *types* : France, notamment Calvados et environs de Paris. — *punctata* ‡ Kr., J. J.-Duv., Thoms. (non Er.). — *sicula* ([1]) (partim) Ganglb., p. 174. — Luze. *loc. cit.*, p. 185.

Marais et tourbières, dans les débris de roseaux et les mousses aquatiques. — R.

Seine-et-Oise : mare de Carrières-sous-Bois, au pied de la terrasse de S¹-Germain! — Seine-et-Marne : Combs-la-Ville!. — Oise : forêt de Chantilly (Gruardet!); marais d'Ivry-le-Temple (Carpentier). — Eure : environs de Pont-Audemer (Degors!). — Orne : Brotz près L'Hôme (Bedel!). — Calvados : Caen; Louvigny; Verson : Mouen, Fresney-le-Puceux, forêt de Cinglais (Fauvel). — Somme : environs d'Amiens (Carpentier). — Marne (Thuisy (Lajoye!). — Hᵗᵉ-Marne : forêt du Val!.

Europe septentrionale et tempérée.

5. L. punctata Er., 1839. — Fauvel, p. 105. — Ganglb., p. 714.

Dans les marais; souvent aussi dans les mousses des ruisseaux rapides et des chutes d'eau. — R.

Seine-et-Oise: Marly (Ch. Bris., sec. Fauvel); forêt de Montmorency (Méquignon!). — Oise : S¹-Just près Beauvais, abondant!. — Somme : marais (Obert). — Seine-Inférieure. : Harfleur (Fauvel). — Eure : environs de Pont-Audemer (Degors); Toutainville (Fauvel). — Calvados : Bures; forêt de Cinglais, Fresney-le-Puceux (Fauvel). — Orne : forêt d'Écouves; Villedieu-lès-Bailleul (Fauvel). — Aube : Chennegy (Polle-Deviermes, sec. Fauvel). — Yonne : Avallon (Bedel).

Europe tempérée et méridionale (Roussillon, Provence!, Italie, etc.).

24. Genre **Geodromicus** Redt., 1858.

Révision : Luze in Verh. zool. bot. Ges. Wien, [1903], p. 103.

Les *Geodromicus* sont peu répandus en dehors de la zone arctique et des grands massifs montagneux, où ils vivent dans les graviers des

---

(1) Près de cette espèce se placent trois *Lesteva* méditerranéens qui n'en diffèrent que par des caractères superficiels : *L. sicula* Er., de Sicile, Algérie et Tunisie, *L. corsica* Perris, de Corse, et *L. bifoveolata* Luze, de l'Apennin ligure. Il est possible que ces trois formes, même le *L. córsica*, au premier abord si modifié, puissent être rattachés plus tard au même type spécifique que le *L. Heeri*; en attendant, il paraît peu rationnel d'inscrire ce dernier seul comme synonyme pur et simple du *L. sicula*, dont il diffère au moins autant que du *L. bifoveolata*, par exemple.

torrents et au bord des flaques de neige. L'espèce suivante, signalée dans les Ardennes et à Dijon, se trouvera probablement sur la lisière orientale du bassin de la Seine.

G. plagiatus Fabr., 1792, var. *nigrita* Müll., 1821. — Fauvel, p. 108. — Ganglb., p. 711. — Facies d'un *Lesteva* ; entièrement noir, brillant, antennes et pattes d'un brun de poix. Front creusé, en avant des ocelles, d'une large impression limitée latéralement par un sillon un peu plus profond. Pronotum subcordiforme, à ponctuation assez forte, médiocrement serrée. Élytres plus de deux fois aussi longs que le pronotum, à ponctuation forte, espacée. — Long. 5-6 mill.

25. Genre **Anthophagus** Gravh., 1802.

Revision : Luze in Verh. zool. bot. Ges. Wien, [1902], p. 505.

Les *Anthophagus*, caractérisés par la présence d'un appendice membraneux à la base des ongles, comprennent une vingtaine d'espèces pour la plupart cantonnées dans les massifs montagneux de la région paléarctique ; elles se tiennent habituellement sur les arbres ou sur les plantes basses.

Chez les ♂ de quelques *Anthophagus*, la tête, très grande, porte au bord antérieur du front des saillies plus ou moins prononcées ; chez les ♂ de toutes les espèces, le 6e sternite abdominal est légèrement échancré à son bord apical.

ESPÈCES.

1. Tête et pronotum à fond poli entre les points (*Phaganthus* Rey). Pronotum plus large que long. Insecte d'un roux testacé, avec les derniers segments abdominaux et une grande tache à l'angle apical externe des élytres noirs. — Long. 5 mill............ 1. **praeustus** Müll.

— Tête et pronotum à fond chagriné entre les points (*Anthophagus* s. str.)...................................... 2.

2. Pronotum plus large que long, faiblement rétréci en arrière ; ses côtés assez nettement explanés en arrière. Ponctuation des élytres forte, espacée. — ♂, tête grosse ; bord antérieur du front portant de chaque côté une corne

assez grêle, rectiligne, horizontale; mandibules difformes.
— Long. 5-6 mill. (¹)................. **3. bicornis** Block.

— Pronotum aussi long que large, nettement rétréci en arrière ;
ses côtés nullement explanés. Ponctuation des élytres
médiocre, assez dense. Coloration normale : tête rembrunie, pronotum roux, élytres testacé-livide, abdomen
entièrement noir chez le ♂, ferrugineux à la base et sur
les côtés chez la ♀. — ♂, tête normale. — Long. 3,5-
4 mill.......................... **2. abbreviatus** Fabr.

1ᵉʳ Groupe (*Phaganthus* Rey).

1. **A. praeustus** Müll., 1821. — Fauvel, p. 115. — Ganglb., p. 709.
— *bimaculatus* Lac., 1835, Faune ent. Paris, I, p. 481, *type* : Fontainebleau (sec. Lacordaire).

Bords des rivières et des ruisseaux, surtout sur les aulnes; souvent
dans les détritus d'inondations. — *AC.* dans le haut du bassin de la
Seine.

Seine : Colombes, bords de la Seine, 1 ind. (Magnin!). — Seine-et-
Marne : Fontainebleau (sec. Lacord.). — Aisne : Condé-sur-Aisne (G. de
Buffévent). — Marne : Sᵗᵉ-Menehould (Bedel!). — Meuse : Bar-le-Duc
(Fairm.). — Hᵗᵉ-Marne : Sᵗ-Dizier, Gudmont; Saucourt; abondant!. —
Aube : Troyes (Le Grand); Bar-sur-Seine (sec. Fauvel). — Côte-d'Or :
Montbard (Bedel!); [Dijon (Rouget)]. — Yonne : Tonnerre (La Brû-
lerie, sec. Fauvel); Avallon (Bedel!). — Calvados : Caen; Louvigny;
Fresney-le-Puceux (Fauvel).

Europe moyenne (sauf les Iles Britanniques).

2ᵉ Groupe (*Anthophagus* s. str.).

2. **A. abbreviatus** Fabr., 1779. — Ganglb., p. 708. — *caraboides* Er.
— Fauvel, p. 116.

Lisière des bois, prés et marais plantés d'arbres, en battant les buissons en fleurs; mai, juin. — *AR.*

Oise : Compiègne (Bedel!); Beauvais!. — Somme : Roye, en
nombre (Obert). — Marne : Germaine (Lajoye!). — Hᵗᵉ-Marne :

---

(1) Les individus du bassin de la Seine ont la coloration du type de l'espèce : tête et pronotum ferrugineux, parfois rembrunis au milieu, élytres entièrement testacés, ainsi que la base des antennes et les pattes.

Orquevaux!: Saucourt!; Rolampont (Peschet!); Langres (Royer!).
Europe septentrionale et moyenne, Caucase.

3. A. bicornis Block, 1799. — Fauvel, p. 118. — Ganglb., p. 706.
— *armiger* Grav., 1802.

Pays accidentés et un peu froids, en battant les buissons et les arbres en fleurs; mai, juin. — AR.

Seine-Inférieure : forêts Verte et de St-Jacques (Mocq., sec. Fauvel); Canteleu; Quevilly; Moulineaux; La Londe (Fauvel). — Eure : Vernon (Fauvel). — Calvados : La Tour, près Falaise (Fauvel). — Manche : St-Lô (de Mathan, sec. Fauvel.). — Marne : Rethel; Germaine (Lajoye!); Ste-Menehould (Bedel!). — Hte-Marne : Gudmont!; Saucourt!; Chamouilley (Peschet). — Aube : Bar-sur-Seine (Cartereau, sec. Fauvel); Gyé-sur-Seine (Polle-Deviermes, sec. Fauvel). — Yonne : Avallon (Bedel). — Côte-d'Or : [Dijon (Rouget)].

Europe moyenne.

26. Genre **Coryphium** Steph., 1834.

Syn. *Polychelus* Luze, 1904.

Métam. : Perris, Ins. du Pin marit. I, p. 54 (sub nom. *Macropalpus pallipes* Cussac).

Genre peu nombreux en espèces et limité à la région paléarctique. L'unique espèce française se trouve surtout sous les écorces; Perris (*loc. cit.*) a observé sa larve sur le Pin maritime des Landes, dans les galeries d'un Scolytide (1) dont elle dévorerait les excréments.

C. angusticolle Steph., 1834. — Fauvel, p. 80. — Ganglb., p. 702.
— D'un brun plus ou moins foncé; base des antennes et pattes testacées; dessus assez brillant, finement pubescent. Tête, pronotum et élytres à ponctuation assez forte, serrée, surtout sur le pronotum et les élytres; abdomen à ponctuation fine et espacée. Front marqué à hauteur du bord antérieur des yeux de deux fossettes ponctiformes profondes, assez rapprochées. Pronotum un peu plus large que long, rétréci vers la base à partir du tiers antérieur. Élytres environ deux fois et demie plus longs que le pronotum. Long. 3 mill.

(1) L'espèce dont il s'agit et que Perris nomme *Tomicus laricis*, est en réalité l'*Ips erosus* Woll.

Éclos, en Normandie, de branches de poirier (cf. Fauvel, *loc. cit.*); semble effectivement, d'après d'autres observations, se trouver surtout sur les arbres fruitiers; aussi (notamment à Fontainebleau) sous l'écorce du Pin sylvestre, dans des conditions analogues à celles indiquées par Perris; parfois au vol le soir. Printemps, automne. — R.

Presque tout le bassin de la Seine. — Europe septentrionale et tempérée.

27. Genre **Boreaphilus** Sahlb., 1834.

Syn. *Chevrieria* Heer, 1839.

Le genre *Boreaphilus*, créé pour une espèce arctique (*B. Henningianus* Sahlb.), comprend une douzaine d'espèces, confinées pour la plupart dans la zone boréale ou dans les massifs montagneux de la région paléarctique.

B. **velox** Heer, 1839. — Fauvel, p. 81. — Ganglb., p. 700. — *angulatus* Fairm. et Lab., 1856. — Ailé. D'un brun ferrugineux plus ou moins clair; pattes et antennes testacées. Tête, pronotum et élytres fortement et assez densément ponctués; abdomen à ponctuation très fine, éparse. Yeux assez saillants, leur diamètre un peu inférieur à la longueur des tempes. Pronotum un peu plus long que large, dilaté et légèrement angulé vers son tiers antérieur. Élytres environ deux fois plus longs que le pronotum; calus huméral saillant. — Long. 2,5 - 3 mill.

Dans les mousses, notamment à la lisière des bois ou sur les talus argileux exposés au nord. — RR.

Seine-Inférieure : Elbeuf (Fauvel). — Eure : Évreux (Régimb.!, G. Portevin). — Orne : Miserai près L'Hôme (Bedel!). — Eure-et-Loir : Chartres (Fauvel).

France occidentale et méridionale; Europe occidentale, Suisse, Italie, Algérie.

Tribu VI. **Oxytelini** (1).

Les *Oxytelini*, de taille petite ou moyenne, forment un groupe nombreux et assez également réparti dans toutes les parties du monde.

(1) Il y a lieu d'éliminer de la tribu des *Oxytelini* le genre *Aetocharis* Fauvel, qui sera mieux placé parmi les *Aleocharini*, dans le voisinage des

GENRES.

1. Tarses de 5 articles.................................... 2.

— Tarses de 3 articles.................................... 5.

2. Tibias antérieurs et intermédiaires simplement ciliés..... 3.

— Tibias antérieurs et intermédiaires spinuleux.......... 4.

3. Insecte élancé, assez déprimé; facies des *Anthophagus*. Antennes longues et grêles, à peine épaissies vers l'extrémité .... **29. Deleaster.**

— Insecte court, épais, entièrement bronzé. Antennes courtes, à massue de 3 articles................... **28. Syntomium.**

4. Tête étranglée en arrière en forme de cou. Hanches intermédiaires rapprochées................ **31. Acrognathus.**

— Tête non étranglée en arrière. Hanches intermédiaires assez écartées..................... **30. Coprophilus.**

5. Tibias antérieurs et intermédiaires simplement ciliés..... 6.

— Tibias antérieurs et intermédiaires spinuleux.......... 8.

6. Dernier article des palpes maxillaires bien distinct, aussi long que le précédent. — Élytres relativement longs... .... **33. Ancyrophorus.**

— Dernier article des palpes maxillaires très petit, subulé.. 7

7. Élytres déhiscents à l'angle sutural. Écusson apparent. — Pronotum toujours uni. Insectes de taille très petite ... . **34. Thinobius.**

— Élytres contigus jusqu'à l'angle sutural. Écusson caché ou à peine visible....................... **35. Trogophloeus.**

8. Base du pronotum et base des élytres séparées par un pédoncule mésosternal qui porte l'écusson (¹). Suture

Phylosus, comme l'ont déjà reconnu Sharp, Eppelsheim et Rey. Outre que sa formule tarsale est celle des *Phylosus,* on ne retrouve chez l'*Aclocharis* aucune trace de deux caractères très accusés chez les genres voisins des *Thinobius,* à savoir l'inégalité des articles moyens des antennes et la déhiscence des élytres.

(1) Une structure analogue se retrouve chez d'autres Coléoptères fouis-

prolongée jusqu'à l'extrême base des élytres. Tibias antérieurs presque toujours armés de deux rangées de
spinules. Antennes fortement coudées. Corps cylin-
drique . . . . **39. Bledius.**

— Base du pronotum contiguë à celle des élytres ou la recouvrant en partie; écusson empiétant distinctement
sur la suture. Tibias antérieurs armés d'une seule ran-
gée de spinules . . . . **9.**

9. Hanches intermédiaires contiguës . . . . **10.**

— Hanches intermédiaires séparées . . . . **11.**

10. Dernier article des palpes maxillaires très petit, subulé.
Dernier article des tarses environ deux fois plus long
que les deux précédents réunis . . . . **36. Haploderus.**

— Dernier article des palpes maxillaires subégal au précédent. Dernier article des tarses subégal aux deux pré-
cédents réunis . . . . **32. Planeustomus.**

11. Pronotum marqué d'un sillon médian. Élytres déhiscents à
l'angle sutural; celui-ci largement arrondi. **38. Platystethus.**

— Pronotum marqué de trois impressions longitudinales superficielles. Élytres non déhiscents à l'angle sutural;
celui-ci bien accusé . . . . **37. Oxytelus.**

28. Genre **Syntomium** Curtis, 1828.

Larve : Schiödte in Naturhist. Tidsskr., VIII [1872-73], p. 559.

Genre aberrant, composé jusqu'ici de deux espèces, l'une européenne et l'autre propre à l'Alaska.
Les différences sexuelles sont inconnues.

S. aeneum Müll., 1821. — Fauvel, p. 131. — Ganglb., p. 681. —
Bedel, in Ann. Soc. ent. Fr. [1873], Bull., p. 170 (*mœurs*). — Court,
épais, subconvexe, presque glabre, d'un bronzé foncé brillant; extrémité des antennes et pattes ferrugineuses. Tête bifovéolée, fortement et assez densément ponctuée. Pronotum transverse, arqué

scurs, notamment les *Scaritidae*. — Cf. Semënov, in *Rev. Russe d'Entomologie*, III [1903], p. 85 sqq. (texte russe). Une excellente analyse de ce
travail a été donnée par K. Daniel in *Münchn. Kol. Zeitschr.*, II [1904],
p. 101.

sur les côtés, bifovéolé à sa base, fortement et densément ponctué,
avec une ligne médiane élevée, lisse. Élytres légèrement impressionnés le long de la suture, à ponctuation très forte, profonde,
serrée. Abdomen brillant, presque lisse. — Long. **2-2,3** mill.

Sur les talus argilo-siliceux, notamment ceux qui bordent les chemins creux; s'y trace de petites galeries, surtout dans les parties en
encorbellement sous les racines des arbres; toute l'année. — R. (fré-
quent surtout en Picardie et en Normandie, à l'exclusion de la cein-
ture jurassique du haut bassin de la Seine).
Seine-et-Oise : Marly, Mareil (Ch. Brisout!), Versailles (Fairmaire).
— Eure : Toutainville (Degors). — Seine-Inférieure : Rouen (Fauvel);
Yport!; Dieppe (A. Grouvelle!). — Calv. : Villers-sur-Mer; f. de Cerisy
(Bedel!); château de Lassay près Trouville; Bures; Troarn; Fresney-
le-Puceux (Fauvel). — Oise : Neuville-Bosc (Carpentier). — Aisne :
Soissons (G. de Buffévent!); Longpont (Bedel!). — Somme : S¹-Valery-
sur-Somme (Ch. Brisout); Amiens (Delaby); marais de Montchal (Colin).
Europe septentrionale et moyenne.

29. Genre Deleaster Er., 1839.

Insectes élégants et agiles, rappelant par leur faciès les *Anthophagus*.
Le genre *Deleaster* comprend une espèce européenne et une espèce
américaine.
Les différences sexuelles sont peu sensibles et portent sur la con-
formation des tarses antérieurs et des derniers sternites abdominaux.

D. dichrous Gravh., 1802. — Fauvel, p. 126. — Ganglb., p. 678. —
Faciès d'un grand *Anthophagus*. Finement pubescent, d'un roux
ferrugineux; majeure partie de la tête et abdomen noir de poix (¹).
Tête presque aussi large que le pronotum, marquée de deux profonds sillons divergents; front convexe. Pronotum subcordiforme,
presque imponctué, marqué d'une impression basale peu profonde.
Élytres amples, à ponctuation assez fine, superficielle, assez serrée.
Abdomen finement chagriné, presque imponctué. — ♂, tarses antérieurs à 4 premiers articles dilatés et feutrés en dessous; ♀,
tarses simples; 7ᵉ sternite avancé en angle mousse à son bord
postérieur. — Long. 6,5-7,5 mill.

(1) Les variétés de coloration du *D. dichrous* n'existent pas dans le bassin
de la Seine.

Bords des eaux, surtout des eaux courantes; souvent au vol. le soir. — *R.*

Presque tout le bassin de la Seine; extrêmement rare dans les environs de Paris (bords de la Seine!). — Europe moyenne et méridionale; Maroc.

30. Genre **Coprophilus** Latr., 1829.

Syn. *Zonoptilus* Motsch., (pro parte) (1).

Révision (esp. paléarctiques) : Fauvel in Rev. d'Entomologie, XVI [1897], p. 226.

Les espèces de ce genre, peu nombreuses, sont répandues surtout dans la partie orientale de la région paléarctique; un petit groupe habite l'Amérique du Sud.

C. striatulus Fabr., 1792. — Fauvel, p. 130. — Ganglb., p. 677. — Facies d'un très grand *Oxytelus*. Noir, brillant, élytres parfois rougeâtres, antennes et pattes d'un roux de poix. Pronotum crénelé sur les côtés, sillonné sur le disque, creusé de deux impressions à la base et de deux autres sur les côtés; ponctuation assez forte, espacée. Élytres marqués chacun de six stries ponctuées. Abdomen chagriné, à ponctuation plus fine et plus éparse en arrière. — ♀. 7ᵉ sternite avancé en angle mousse au milieu du bord postérieur. Long. 5,5-6,5 mill.

Surtout au voisinage des lieux habités, généralement près des fumiers et dans les terrains sablonneux; fréquemment au vol ou sur les murs à l'ombre; dès le premier printemps. — *AR.*

Presque tout le bassin de la Seine; commun dans les quartiers excentriques et la banlieue de Paris. — Europe septentrionale et moyenne; Canada.

31. Genre **Acrognathus** Er., 1839.

Genre réduit à la seule espèce suivante et propre à la faune européenne.

A. mandibularis Gyllh., 1827. — Fauvel, p. 127. — Ganglb., p. 675. — D'un roux ferrugineux, plus foncé sur la tête et le pronotum;

(1) Le genre *Elonium* Samouelle, indiqué par Ganglbauer comme synonyme de *Coprophilus*, n'a jamais été décrit.

dessus entièrement alutacé, assez mat. Tête (à l'exception du vertex) et pronotum (à l'exception d'une ligne médiane) couverts d'une ponctuation assez grosse, peu profonde, espacée. Pronotum aussi long que large, subcylindrique, un peu rétréci en arrière. Élytres de moitié plus longs que le pronotum, à ponctuation très superficielle, portant chacun trois côtes très obsolètes. Abdomen marqué de points fins et rares, dont chacun donne naissance à un long poil dressé. — ♂, 2e sternite muni à son bord postérieur d'un petit tubercule; ♀, bord postérieur du 7e sternite avancé en pointe obtuse. — Long. 6-6,5 mill.

Bords des eaux stagnantes, dans les endroits vaseux ou limoneux; le soir, par les temps chauds, au vol ou sur les plantes basses. — *RR.*

Seine et Seine-et-Oise : Bondy ; Marly (Ch. Brisout!); Meudon (Régimbart!); Rambouillet (Ph. Grouvelle!). — Seine-et-Marne : Fontainebleau (sec. Fauvel). — Seine-Inférieure : Rouen (Frontin). — Calvados : Longues (Fauvel). — Aube : Troyes (Le Brun). — Somme : Royes, marais de St-Georges (Obert). — Côte-d'Or : [Lamarche-sur-Saône; Gevrey (Rouget)]. — Nièvre : [environs de Cosne (Boucomont!)].

Majeure partie de l'Europe; Sibérie.

32. Genre **Plancustomus** J.-Duval, 1857.

Syn. *Compsochilus* Kraatz, 1858.

Genre extrêmement voisin du précédent, dont il ne diffère guère que par la structure des tarses. Les espèces, peu nombreuses, ont exactement les mêmes mœurs que les *Acrognathus* et sont surtout répandues dans le bassin Méditerranéen.

P. palpalis Er., 1839. — Fauvel, p. 128. — Ganglb., p. 673. — Peu brillant; d'un testacé clair; tête, extrémité des antennes et avant-derniers segments abdominaux rembrunis. Tête à ponctuation assez forte, écartée; yeux saillants, occupant presque toute la longueur des tempes; antennes en massue distincte de 5 articles. Pronotum un peu plus long que large, présentant au milieu un espace lisse entre deux séries ponctuées irrégulières. Élytres d'un tiers plus longs que le pronotum; leur ponctuation en séries régulières, devenant confuse en arrière. — Long. 2,5 mill.

Bords des eaux, surtout des mares et des étangs; le soir, par les temps chauds, au vol ou sur les plantes basses. — *R.*

Seine-et-Oise : Marly (Ch. Brisout!); Le Perray (Ph. Grouvelle). — Oise : entre la station de Rethondes et la rivière d'Aisne (Bedel!). — Seine-Inférieure : Quatremare près Rouen (Mocquerys, séc. Fauvel); Yport!. — Côte-d'Or : [Lamarche-sur-Saône (Rouget)].

Europe septentrionale et moyenne; Provence.

33. Genre **Ancyrophorus** Kraatz, 1857.

Syn. *Ochthephilus* ǁ Muls. et Rey, 1856 (nom. praeoccup.).

Larves : Fauvel, loc. cit., p. 140. — Rey ap. Muls., Brévipennes (Oxyporiens-Oxyteliens), p. 369.

Les *Ancyrophorus*, médiocrement nombreux, sont remarquables par le relief en forme d'ancre dessiné sur le pronotum et auquel ils doivent leur nom. Ils sont répandus dans la région paléarctique jusqu'au cap Vert, et dans l'Amérique du Nord. On les trouve au bord des cours d'eau rapides, principalement dans les régions montagneuses. Une des espèces de l'Europe occidentale, *A. aureus* Fauvel, qui vit habituellement à l'air libre, a été observée en Irlande sur les parois humides des cavernes dans les parties les plus obscures, en compagnie de plusieurs espèces de Collemboles auxquels elle paraît faire la chasse (1).

Espèces.

1. Côtés du pronotum anguleusement sinués en arrière du milieu. Élytres d'un tiers environ plus longs que le pronotum, à ponctuation grosse, peu serrée. — Long. 3,5 mill. . . . . 1. **flexuosus** Fairm.

— Côtés du pronotum régulièrement arqués. Élytres environ deux fois plus longs que le pronotum, à ponctuation médiocre ou fine, assez serrée. . . . . 2.

2. Pronotum non transverse. Antennes longues, grêles, les 4e à 6e articles évidemment oblongs. Ponctuation des élytres dense et fine. — Long. 3,5-4 mill. . . . . 2. **longipennis** Fairm.

— Pronotum nettement transverse. Antennes relativement courtes, les 4e à 6e articles subcarrés ou subtrans-

1. Cf. **Johnson** et **Halbert**, A List of the Beetles of Ireland, *in Proceedings of the Royal Irish Academy*, ser. 3. VI, p. 673.

verses. Ponctuation des élytres médiocre, assez pro-
fonde. — Long. 2,5-3 mill. . . . . 3. **homaliinus** Er.

1. **A. flexuosus** Fairm. 1856. — Fauvel, p. 144. — Ganglb., p. 670.

Bords des petits cours d'eau rapides ; se prend le plus souvent
parmi les feuilles mortes agglutinées par la vase et roulées par les
crues. — *RR.*

Pas-de-Calais : Boulogne-sur-Mer (Javet, sec. Fauvel). — Calvados :
bords de l'Odon à Verson (Fauvel). — Eure : Condé-sur-Risle (Degors !).

Presque toute la France, surtout dans le Midi ; Belgique.

2. **A. longipennis** Fairm., 1856. — Fauvel, p. 144. — Ganglb.,
p. 668.

Bords des torrents et des rivières rapides, notamment dans les
endroits rocheux, parmi les mousses à demi immergées ; souvent dans
les détritus charriés par les inondations. — *RR.*

Yonne : S\\t-Florentin, bords de l'Armançon (La Brûlerie, sec. Fauvel).

Europe moyenne, Italie, Corse, Sicile.

3. **A. homaliinus** Er., 1840. — Fauvel, p. 141. — Ganglb., p. 669.

Bords des torrents et des rivières, sur la vase et le sable humides ;
souvent dans les détritus charriés par les inondations. — *RR.*

Seine-Inférieure : Rouen (sec. Fauvel). — Seine-et-Marne : fontaine
S\\t-Ayle, près Rebais (Bouteillier, sec. Fauvel). — H\\te-Marne : bords de
la Marne en aval de S\\t-Dizier, abondant par places !.

Europe, bassin de la Méditerranée, Caucase.

34. Genre **Thinobius** Kiesw., 1844.

Syn. (ad partem) *Thinophilus* Rey.

Revision : Fauvel in Rev. d'Entomologie, VIII [1889], p. 83.

Les *Thinobius* sont de très petits Staphylins qui vivent pour la
plupart dans le sable fin et humide au bord des eaux courantes (¹).
Assez nombreux le long des cours d'eau à fond de sable d'origine
granitique, tels que la Loire, ils sont à peine représentés dans le
bassin de la Seine (²).

(1) M. P. de Peyerimhoff et moi avons trouvé régulièrement le *T. brevi-
pennis* Kiesw. dans les mousses détrempées, au bord des petits lacs et des
ruisseaux des hautes régions, en plusieurs points des Alpes de Provence.

(2) Il est possible qu'une exploration plus complète du haut bassin de la

Le genre se divise en deux sections assez nettes : 1° *Thinobius s. str.*, à tête étroite, arrondie latéralement, portant des yeux bien développés ; 2° *Thinophilus* Rey, à tête à peu près aussi large que le pronotum, subcarrée, portant des yeux très réduits.

Chez les ♂, les articles des antennes paraissent un peu plus longs que chez les ♀ ([1]).

T. longipennis Heer, 1841. — Fauvel, p. 138, et loc. cit., p. 84, 88. — Ganglb., p. 664. — D'un noir mat et soyeux, élytres parfois plus clairs ; base des antennes, tibias et tarses testacés. Tête bien plus étroite que le pronotum, subarrondie ; yeux gros, bien plus longs que les tempes. Antennes grêles, leurs articles plus longs que larges ou subcarrés, les 4° et 6° plus courts chacun que leurs deux voisins. Pronotum transverse. Élytres près de deux fois aussi longs que le pronotum. — Long. 1-1,3 mill.

Dans le sable fin, au bord des cours d'eau et des mares d'infiltration. — R.

H^{te}-Marne : St-Dizier, bords de la Marne, abondant par places ! ; Froncles ! — Yonne : St-Florentin, bords de l'Armançon (La Brûlerie, sec. Fauvel).

Europe jusqu'en Laponie, Barbarie, Caucase.

35. Genre **Trogophloeus** Mannh., 1831.

Syn. (ad. partem) *Taenosoma* Mannh., 1831. — *Carpalimus* Steph., 1834. — *Thinodromus* Kr. 1858.

Revision (esp. paléarctiques) : Klima in Münchn. Kol. Zeitschr. II [1904], pp. 43-66.

Genre nombreux, répandu à peu près sur toute la surface du globe. Les *Trogophloeus* recherchent en général le bord des eaux et spécialement les endroits vaseux ; quelques-uns sont propres aux terrains salés.

Les différences sexuelles sont peu appréciables ; comme chez tous les *Oxytelini*, le bord postérieur du 6° sternite abdominal est tronqué

Seine, notamment du cours de l'Yonne et de ses affluents descendant du Morvan, fasse découvrir dans nos limites les espèces les plus répandues du sous-genre *Thinophilus*, par exemple les *T. linearis* Kr. et *T. delicatulus* Kr.

[1] Ce caractère est très sensible chez le *T. delicatulus* Kr.

ou légèrement entaillé chez les ♂, légèrement saillant en angle obtus chez les ♀; les articles intermédiaires des antennes sont proportionnellement plus allongés chez les ♂ que chez les ♀.

Espèces.

1. Base du pronotum présentant une profonde impression en arc de cercle ou en fer à cheval très évasé; 3ᵉ article des antennes à peu près aussi long que le 2ᵉ. — Long. 3-3,5 mill. . . . . **2.**

— Pronotum sans impression distincte à la base, présentant sur le disque deux impressions longitudinales souvent décomposées en quatre fossettes ou tout à fait effacées; 3ᵉ article des antennes notablement plus court que le 2ᵉ. **5.**

2. Abdomen nettement atténué vers l'arrière. Écusson visible. Insecte relativement large, déprimé (subg. *Thinodromus* Kr.) . . . . **3.**

— Abdomen non ou à peine atténué vers l'arrière. Écusson caché (subg. *Carpalimus* Thoms., Rey) . . . . **4.**

3. Dessus à pubescence foncière soulevée, appréciable de de profil. Ponctuation des élytres médiocrement serrée. Côtés du pronotum et de l'abdomen hérissés de soies nombreuses, serrées . . . . * **hirticollis** (¹) Rey.

— Dessus à pubescence foncière très dense, couchée, soyeuse. Ponctuation des élytres extrêmement fine, très serrée. Côtés du pronotum et de l'abdomen hérissés de soies peu nombreuses . . . . 1. **dilatatus** Er.

4. Ponctuation des élytres fine et serrée, celle de l'abdomen serrée; 1ᵉʳ article des antennes et pattes d'un roux-testacé . . . . 2. **Mannerheimi** Kol.

— Ponctuation des élytres assez forte, profonde, médiocrement serrée, celle de l'abdomen peu serrée; 1ᵉʳ article des antennes et pattes d'un brun plus ou moins foncé, rarement rougeâtres . . . . 3. **arcuatus** Steph.

5. Tête brusquement rétrécie en arrière des tempes; vertex étranglé en forme de cou (subg. *Trogophloeus* s. str.) . . **6.**

(¹) Centre et midi de la France, notamment dans le bassin du Rhône.

— Tête graduellement rétrécie en arrière des yeux, sans cou distinct (subg. *Troginus* Rey)........................ 19.

6. Articles 5 à 7 des antennes plus longs que larges........ 7.

— Articles 5 à 7 des antennes carrés ou transverses........ 10.

7. Impressions discales du pronotum très obsolètes. — Dessus, élytres compris, à ponctuation extrêmement fine et serrée. Base des antennes et majeure partie des pattes rembrunies. Élytres d'un tiers plus larges et de moitié plus longs que le pronotum. — Long. 2,5 mill........ .... 7. **politus** Kiesw.

— Impressions discales du pronotum en général bien marquées.. 8.

8. Yeux gros; tempes très réduites, inférieures au quart du diamètre de l'œil. Base des antennes et majeure partie des pattes rembrunies. Insecte relativement large, d'un noir profond, assez brillant. — Long. 2,7 - 3 mill....... .... 6. **memnonius** Er.

— Yeux médiocres; tempes bien développées, égalant environ la moitié du diamètre de l'œil. Base des antennes et pattes testacées.................................... 9.

9. Long. 3 - 3,5 mill. Élytres moins finement ponctués. Angles antérieurs du pronotum bien marqués, saillants, parfois un peu dentiformes; côtés fortement granuleux, mats.................... 4. **bilineatus** Steph.

— Long. 2,5 - 3 mill. Élytres plus finement ponctués. Angles antérieurs du pronotum en général non saillants, arrondis au sommet; côtés faiblement ou à peine granuleux.................... 5. **rivularis** Motsch.

10. Ponctuation des élytres très forte.................... 11.

— Ponctuation des élytres fine ou très fine................ 12.

11. Tête et pronotum alutacés, sans ponctuation distincte. — Long. 1,5 - 2 mill.................. 13. **foveolatus** Sahlb.

— Tête et pronotum à ponctuation très distincte, presque aussi forte que celle des élytres, sur fond brillant (¹). — Long. 2 - 2,5 mill.................... 12. **nitidus** Baudi.

(¹) Chez le *T. punctatellus* Heer, dont la ponctuation est analogue à celle du *T. nitidus*, la tête s'élargit graduellement en arrière des yeux qui sont très

12. Long. 2-3 mill.. 13.

— Long. 1,3-1,7 mill... 16.

13. Tête et pronotum tout à fait mats, sans ponctuation appré
ciable. Élytres à peu près de la longueur du pronotum.
Base des antennes et pattes rousses..... **9. elongatulus** Er.

— Tête et pronotum au moins un peu brillants.............. 14.

14. Pronotum tout à fait uni sur le disque, les impressions
très légèrement indiquées vers la base seulement. Insecte
brillant, à ponctuation extrêmement fine. Pronotum et
élytres souvent bruns ; 1er article des antennes et pattes
testacées. — Long. 2,5-2,8 mill..... **8. fuliginosus** Gravh.

— Pronotum marqué d'impressions ou de fossettes discales
bien apparentes. Pattes en général rembrunies. — Long.
2-2,3 mill... 15.

15. Premier article des antennes franchement testacé. Pronotum bien plus étroit que les élytres, dilaté en avant et
fortement rétréci en arrière à partir du tiers antérieur.
Forme relativement large.............. **10. impressus** Lac.

— Premier article des antennes noir ou brun de poix. Pronotum un peu plus étroit que les élytres, assez régulièrement arqué sur les côtés. Forme relativement étroite et
parallèle............................... **11. corticinus** Er.

16. Yeux petits, n'occupant au plus que la moitié des côtés de
la tête. Forme grêle, linéaire et déprimée ; insecte d'un
brun plus ou moins clair.................................... 17.

— Yeux grands, occupant plus de la moitié des côtés de la
tête. Insecte moins grêle, noir ou brun foncé........... 18.

17. Antennes rembrunies au moins à l'extrémité. Élytres de
moitié plus longs que le pronotum. Impressions du pronotum marquées, au moins vers la base. Abdomen à pubescence plus courte, sans aspect soyeux. **16. gracilis** Mannh.

peu saillants, et le bord postérieur des tergites abdominaux est dépourvu de
la frange de poils qui s'observe toujours plus ou moins nettement chez les espèces ripicoles. Ce *Trogophloeus*, à l'encontre de ses congénères, vit, sous les
pierres des coteaux, en compagnie du *Tetramorium caespitum* et souvent
dans les mêmes lieux que les *Chennium* et *Centrotoma* ; il a été pris dans ces
conditions à Maxéville, près de Nancy, par mon ami P. de Peyerimhoff et se
retrouvera peut-être sur les collines jurassiques du haut bassin de la Seine.

— Antennes entièrement testacées. Élytres d'un tiers plus
longs que le pronotum. Impressions du pronotum en général indistinctes. Abdomen à pubescence plus longue,
d'aspect soyeux......................... **17. subtilis** Er.

18. Antennes entièrement rembrunies, sauf parfois le premier
article. Élytres (considérés ensemble) pas plus longs que
larges, tantôt d'un tiers plus longs que le pronotum
(type), tantôt de la même longueur (var. *curtipennis* Rey).
Insecte très mat, surtout sur l'avant-corps; pubescence
courte, sans aspect soyeux......... **14. halophilus** Kiesw.

— Antennes largement testacées à la base. Élytres (considérés
ensemble) évidemment plus longs que larges. Insecte
assez brillant, d'aspect soyeux......... **15. pusillus** Grav.

19. Élytres notablement plus longs que le pronotum, à ponctuation très fine.................,........ **18. exiguus** Er.

— Élytres à peine plus longs que le pronotum, à ponctuation médiocre, très nette........... **19. despectus** Baudi.

1er Groupe (*Thinodromus* Kr.).

1. **T. dilatatus** Er., 1839. — Fauvel, p. 146. — Ganglb., p. 649.

Graviers des torrents et des rivières rapides, presque dans l'eau;
s'envole rapidement dès qu'on l'inquiète. — *RR.*

Yonne : St-Florentin, bords de l'Armançon (La Brûlerie, sec. Fauvel).
Europe moyenne et méridionale; bassin de la Méditerranée.

2e Groupe (*Carpalimus* Thoms.).

2. **T. Mannerheimi** Kolenati, 1846. — Ganglb., p. 650. — *plagiatus* Kiesw., 1850. — Fauvel, p. 147. — *Brebissoni* Fauvel, 1864,
in Bull. Soc. linn. Norm., IX, p. 312, *type* : Calvados.

Bords des ruisseaux et des rivières rapides, surtout au voisinage
des chutes et des barrages de moulins; souvent dans les mousses qui
recouvrent les rochers ou les pierres des digues. — *RR.*

Calvados : bords de l'Orne au Pont-d'Ouilly; Merville (Fauvel). —
H^{te}-Marne : St-Dizier!; Gudmont!. — Aube : env. de Troyes (Polle-Deviermes, sec. Fauvel). — Côte-d'Or : Montbard (Gruardet!). — Yonne
(sec. Fauvel, Cat. Gallo-Rh.).

Sud-ouest de l'Europe, Barbarie, Sicile; Caucase, Turkestan.

3. **T. arcuatus** Steph., 1834. — Fauvel, p. 148. — Ganglb., 650. —
scrobiculatus Er., 1840.

Comme le précédent. — R.

Eure : Pont-Audemer (Degors). — Seine-Inférieure : La Bouille, près
Rouen (Fauvel). — Calvados : Caen; Venoix; Verson; Bures; Fresney-
le-Puceux (Fauvel). — Somme : marais d'Hangest-sur-Somme (Delaby);
marais de Dommartin; Amiens, île Ste-Aragone (Carpentier). —
H^te-Marne : St-Dizier!; Rachecourt-sur-Marne!; Saucourt!; Gudmont!.
— Yonne : St-Florentin (La Brûlerie, sec. Fauvel); Avallon (Bedel!).

Europe, Caucase, Asie Mineure, Sibérie.

3e Groupe (*Trogophloeus* s. str). (1).

4. **T. bilineatus** Steph., 1834. — Fauvel, p. 149. — Ganglb., p. 651.
— *riparius* Lacord., 1835, Fn. ent. Paris, I, p. 467, *type* : région de
Paris. — Er.

Bords des eaux courantes ou stagnantes. — CC.

Tout le bassin de la Seine. — Toute la région paléarctique, et presque cosmopolite.

5. **T. rivularis** Motsch., 1860. — Ganglb., p. 651. — *bilineatus* ‡ Er.
— *Erichsoni* Sharp, 1871. — Fauvel, p. 150.

Comme le précédent. — AC.

Tout le bassin de la Seine. — Presque toute la région paléarctique.

6. **T. memnonius** Er., 1840. — Fauvel, p. 151. — Ganglb., p. 651.
— *obesus* Kiesw., 1844.

Bords des rivières, sur le sable fin; plus rarement au bord des eaux
stagnantes. — R.

Seine et Seine-et-Oise : bords de la Seine, notamment à Gennevilliers! et au Pecq (Ch. Brisout!). — Eure : Les Andelys (G. Power,
sec. Fauvel). — Calvados : forêt de Cinglais (Fauvel). — Oise : Ivry-

---

(1) Klima (*loc. cit.*) réunit sous le nom de *Boopinus* Klima, les espèces à gros
yeux et à tempes peu développées (*memnonius, politus, fuliginosus*) et sous
le nom de *Taenosoma* Mannh., celles chez lesquelles les articles 5 à 7 des antennes sont franchement transversaux. Je ne puis me résoudre à attribuer
à ces deux coupes une valeur équivalente à celle des autres sous-genres. S'il
y avait une nouvelle section à créer dans le genre *Trogophloeus*, ce serait
bien plutôt en faveur du *T. punctatellus* Heer, que sa biologie et l'ensemble
de ses caractères mettent assez à part dans le genre.

le-Temple (Carpentier). — Aisne : Soissons (G. de Bulfévent!). — Hte-Marne : St-Dizier!.

Europe, surtout méridionale, et presque cosmopolite.

7. **T. politus** Kiesw., 1850. — Fauvel, p. 152. — Ganglb., p. 652.

Bords des rivières, dans la vase ou le sable très fin. — *RR*.

Eure : Les Andelys (G. Power, excursion de la Société Entomologique de France, 30 mai 1875) (1).

France, Espagne, Barbarie, Sicile, Italie, Styrie; Caucase, Turkestan.

8. **T. fuliginosus** Gravh., 1802. — Fauvel, p. 152. — Ganglb., p. 653.

Bords des eaux; quelquefois simplement dans les endroits frais. — *AR*.

Presque tout le bassin de la Seine. — Europe moyenne et méridionale.

9. **T. elongatulus** Er., 1839. — Fauvel, p. 154. — Ganglbauer, p. 654.

Surtout dans les mousses humides ou les feuilles mortes au bord des mares sous bois. — *AC*.

Presque tout le bassin de la Seine. — Europe septentrionale et moyenne.

10. **T. impressus** Lacord., 1835, Faune ent. Paris, I, p. 467, *type* : région de Paris. — Fauvel, p. 153. — Ganglb., p. 653. — *inquilinus* Er., 1839.

Comme le précédent. — *AR*.

Seine-et-Oise : Chaville (Ph. Grouvelle); forêt de St-Germain (Ch. Brisout); Sucy-en-Brie!: forêt de Sénart!. — Seine-Inférieure : Rouen (Fauvel). — Eure : Les Andelys (G. Power, sec. Fauvel). — Calvados : forêt de Cerisy (Fauvel). — Somme : St-Valery-sur-Somme (Ch. Brisout, sec. Fauvel). — Marne : forêt de Troisfontaines!. — Hte-Marne : forêt du Val!.

Europe moyenne, Italie, Caucase; Algérie (rare).

11. **T. corticinus** Gravh., 1806. — Fauvel, p. 153. — Ganglb., p. 653.

---

(1) Les Staphylinides capturés dans cette excursion ont été déterminés par M. Fauvel. La capture du *T. politus* aux Andelys est indiquée dans la Faune Gallo-Rhénane (Suppl., p. 56).

Endroits humides. — *CC.*

Tout le bassin de la Seine. — Région paléarctique; Amérique du Nord et du Centre; iles de l'Atlantique.

12. **T. nitidus** Baudi, 1848. — Fauvel, p. 155. — Ganglb.. p. 164.

Bords des rivières ou des étangs, sur la vase. — *RR.*

Seine-et-Oise : Meudon, étang des Fonceaux!; St-Germain (Ch. Brisout!). — Seine-Inférieure : Elbeuf (Lancelevée, sec. Fauvel); Rouen (Fauvel). — Calvados : Troarn (Fauvel). — Côte-d'Or : Montbard (Gruardet!).

Europe moyenne et méditerranéenne; Algérie (rare).

13. **T. foveolatus** Sahlb., 1827. — Fauvel, p. 156. — Ganglb., p. 655.

Bords des eaux douces ou saumâtres, sur la vase ou le sable humide. — *R.*

Seine-et Oise : Meudon; St-Germain (Ch. Brisout!). — Seine-Inférieure : Elbeuf (Levoiturier, sec. Fauvel). — Somme : Abbeville (sec. Fauvel); marais de St-Maurice et de Renancourt (Obert); marais de Favières; Noyelles-sur-Mer (Delaby); baie d'Authie (Carpentier). — Pas-de-Calais : Calais (Lethierry, sec. Fauvel).

Europe, bassin de la Méditerranée, Caspienne .

14. **T. halophilus** Kiesw., 1844. — Fauvel, p. 158. — Ganglb., p. 656. — var. *curtipennis* Rey.

Estuaires des cours d'eau côtiers et prairies maritimes, sur la vase salée. — *AR.*

Seine-Inférieure : Dieppe (A. Grouvelle, sec. Fauvel). — Calvados : Dives (Ch. Brisout!); Honfleur (Degors!); Isigny (Fauvel). — Somme : St-Valery-sur-Somme (Ch. Brisout, sec. Fauvel).

Europe, Barbarie; Caspienne.

Obs.   Tous les individus des côtes de la Manche que j'ai pu examiner appartenaient à la race brachyptère *curtipennis* Rey (décrite sur des individus de provenance anglaise).

15. **T. pusillus** Gravh., 1802. — Fauvel, p. 159. — Ganglb., p. 656. — *corticinus* ‡ Lac.

Bords des eaux, notamment parmi les feuilles décomposées au bord des mares sous bois. — *AC.*

Tout le bassin de la Seine. — Presque toute la région paléarctique; iles de l'Atlantique; Amérique du Nord.

16. T. gracilis Mannh., 1830. — Ganglb., p. 657. — *tenellus* Er., 1839. — Fauvel, p. 160.

Bords des eaux, notamment sur les sables de rivières. — *AR.*

Presque tout le bassin de la Seine. — Presque toute la région pa-léarctique; Amérique du Nord.

17. T. subtilis Er., 1839. — Fauvel, p. 160. — Ganglb., p. 657.

Bords des rivières, dans le sable fin ou dans les détritus d'inonda-tions. — *RR.*

Seine et Seine-et-Oise : bords de la Seine à Gennevilliers!; St-Germain (Ch. Brisout). — Calvados : Ardennes près Caen; Troarn (Fauvel). — Somme : bords de la Somme à Pont-de-Metz; marais de Blangy-Tronville (Carpentier).

Europe moyenne.

4ᵉ Groupe (*Troginus* Rey.)

18. T. exiguus Er., 1839. — Fauvel, p. 157. — *despectus* ‡ Ganglb., p. 658.

Bords des rivières, sur la vase et le sable fin. — *RR.*

Seine-et-Oise : St-Germain (Ch. Brisout, sec. Fauvel). — Hᵗᵉ-Marne : La Neuville-au-Pont, bords de la Marne!; Eclaron, bords de la Blaise!.

Europe, surtout méridionale, et presque tout le globe.

19. T. despectus Baudi, 1869. — Fauvel, p. 157. — *exiguus* ‡ Ganglb., p. 658.

Sur le sable humide, notamment dans les sablières et au bord des mares des dunes. — *RR.*

Seine-et-Oise : sablières de Fontenay-aux-Roses!; Demonval près Marly!. — Seine-Inférieure : Dieppe (Fauvel). — Somme : St-Valery-sur-Somme (Lethierry, sec. Fauvel).

Europe; Caucase; Sibérie.

36. Genre **Haploderus** Steph., 1833.

Syn. *Phloeonaeus* Er., 1839.

Le genre *Haploderus*, qui fait assez bien le passage entre les *Trogo-phloeus* et les *Oxytelus*, comprend un petit nombre d'espèces répandues dans la région paléarctique et l'Amérique du Nord. Leurs mœurs sont celles des *Oxytelus*.

Chez les ♂, la tête est plus développée que chez les ♀ et le 7e sternite abdominal plus ou moins échancré.

H. caelatus Gravh. (1), 1802. — Fauvel, p. 161. — Ganglb., p. 646. — Noir, base des antennes et élytres d'un brun plus ou moins clair ; pattes testacées. Tête et pronotum à ponctuation assez forte, irrégulièrement répartie, sur fond finement chagriné ; disque du pronotum marqué de deux impressions profondes, subarquées, encadrant une plaque lisse un peu élevée. Élytres un peu plus longs que le pronotum, fortement et densément ponctués. Abdomen presque imponctué, hérissé de soies dressées. — ♂, tête grosse, aussi large que le pronotum ; tempes très développées, bien plus longues que les yeux, alors qu'elles sont de même longueur chez la ♀ ; 6e sternite légèrement bisinué à son bord postérieur, le 7e échancré. — Long. 3,5-4,5 mill.

Dans les bouses et les fumiers ; parfois aussi dans la vase desséchée au bord des eaux. — *CC*.

Tout le bassin de la Seine. — Europe et bassin de la Méditerranée.

37. Genre Oxytelus Gravh., 1802.

Syn. (pro parte) : *Caccoporus, Epomotylus, Tanycraerus,*
Anotylus Thoms., 1859.

Larves : Chapuis in Mém. Soc. Sc. Liége, VIII [1853], p. 400 ; Rey ap. Mulsant, Brévipennes (Oxyporiens-Oxytéliens), pp. 64, 74, 88.

Genre nombreux et répandu sur toute la surface du globe. Les *Oxytelus*, dont beaucoup d'espèces sont d'une extrême abondance et presque cosmopolites, vivent pour la plupart dans les fumiers, les déjections des ruminants, les végétaux décomposés ; quelques-uns recherchent la terre humide au bord des eaux.

Espèces Françaises.

1. Marge latérale du pronotum finement crénelée (subg. *Oxytelus* s. str.).................................... **2.**

(1) Chez la deuxième espèce européenne, *H. caesus* Er., le fond de la tête et du pronotum est poli, très brillant, et les élytres ne sont pas plus longs que le pronotum. L'*H. caesus* paraît n'avoir pas encore été trouvé à l'ouest du Rhin. C'est par erreur qu'il a été jadis signalé de Paris et du nord de la France.

— Marge latérale du pronotum simple................... 5.

2. Région latérale de l'élytre dépourvue de strioles ou de
  rides longitudinales et simplement ponctuée. Côtés du
  pronotum légèrement sinués contre les angles postérieurs qui sont bien marqués. — ♂, bord postérieur du
  7ᵉ sternite prolongé en un lobe très saillant, échancré au
  sommet. — Long. 4-4,5 mill.............. 1. **fulvipes** Er.

— Élytres marqués de strioles ou de rides longitudinales
  sur toute leur surface. Côtés du pronotum non sinués
  contre les angles postérieurs qui sont peu marqués... 3.

3. Épistome très densément chagriné, tout à fait mat. Insecte
  noir, brillant; élytres concolores (type) ou rougeâtres
  (var. *pulcher* Gravh.); pattes et antennes en général
  rembrunies. — ♂, 5ᵉ sternite portant à son bord postérieur un tubercule oblique, saillant; le 6ᵉ légèrement,
  le 7ᵉ profondément bisinué. — Long. 4,5-5 mill...
  .... **2. rugosus** F.

— Épistome non ou très superficiellement chagriné, brillant.
  — Long. 4-4,5 mill..................................... 4.

4. Épistome absolument lisse. Abdomen très superficiellement chagriné, à ponctuation espacée, visible. Élytres
  d'un rouge vif. — ♂, 6ᵉ sternite caréné vers la base,
  muni à son bord postérieur de deux petits tubercules;
  le 7ᵉ profondément bisinué........... 3. **insecatus** Gravh.

— Épistome légèrement chagriné. Abdomen densément chagriné, mat, sans ponctuation appréciable. Élytres d'un
  brun ferrugineux. — ♂, 5ᵉ sternite denté à son bord
  postérieur; le 6ᵉ marqué d'une impression à fond lisse
  se terminant entre deux petits tubercules apicaux; le
  7ᵉ profondément bisinué.......... * **rugifrons** Hochh. (1).

5. Premier article des antennes relativement long, renflé
  au milieu et légèrement étranglé avant le sommet.
  Élytres d'un roux testacé. — Long. 3,5-4,5 mill....... 6.

— Premier article des antennes en massue régulière...... 7.

6. Yeux médiocres, à facettes fines (subg. *Tanycraerus*
  Thoms.). Vertex convexe, trisillonné. — ♂, 6ᵉ sternite

______

(1) Trouvé à Lille, en Alsace et dans le Palatinat.

muni à son bord postérieur de deux petits tubercules,
le 7ᵉ prolongé en un éperon grêle et impressionné au
sommet.......................... 5. **laqueatus** Marsh.

— Yeux grands, à facettes grossières (subg. *Caccoporus*
Thoms.). Vertex plan, unisillonné. — ♂, 6ᵉ sternite prolongé à son bord postérieur en une lame tronquée ou
subéchancrée; le 7ᵉ trifide, les lobes externes acuminés,
le lobe médian un peu plus court, tridenté au sommet.
.... 4. **piceus** L.

7. Yeux très grands, occupant presque entièrement les côtés
de la tête, à facettes grossières. Face dorsale de l'élytre
séparée du bord réfléchi par un pli longitudinal bien
marqué (subg. *Epomotylus* Thoms.). Antennes bien plus
longues que la tête et le pronotum réunis. — ♂, 7ᵉ sternite profondément divisé en trois lobes d'égale longueur,
les lobes latéraux en triangle émoussé au sommet, le
lobe médian longitudinalement impressionné, subélargi
vers l'extrémité et subéchancré au sommet. — Long.
3.5-4.5 mill...................... 6. **sculptus** Gravh.

— Yeux médiocres, à facettes fines. Côtés des élytres sans
arête longitudinale (subg. *Anotylus* Thoms.) .... 8.

8. Tête et pronotum brillants, couverts d'une striolation
assez grossière et pas très serrée...................... 9.

— Tête et pronotum mats, couverts d'une striolation extrêmement fine et serrée................................ 12.

9. Antennes entièrement rougeâtres. Tête creusée entre les
yeux de deux impressions peu profondes, à fond chagriné, et polie sur le reste de sa surface. Élytres d'un
roux testacé (type) ou d'un brun foncé (var. *Oceanus*
Fauv.). — ♂, 6ᵉ sternite bituberculé à son bord postérieur; le 7ᵉ profondément échancré, le fond de l'échancrure occupé par une lamelle translucide. — Long. 3·
3,5 mill. — Insecte maritime............. 7. **Perrisi** Fauv.

— Antennes rembrunies............................... 10.

10. Front légèrement excavé en avant, finement chagriné dans
l'excavation. Strioles longitudinales du pronotum entre-
mêlées de rides plus fines dans le fond des impressions;
celles des élytres fines et très serrées. — ♂, 6ᵉ sternite

portant à son bord postérieur deux petits tubercules testacés, précédés d'une profonde impression à fond lisse; le 7e largement et profondément échancré. — Long. 3,5-4,5 mill................... 8. **sculpturatus** Gravh.

— Front entièrement poli........................... 11.

11. Tête non excavée en avant, à convexité régulière, peu ponctuée, très brillante. Sculpture relativement forte et peu serrée. — ♂, 6e sternite portant à son bord postérieur deux petits tubercules concolores, précédés d'une faible impression; le 7e largement et profondément échancré. — Long. 3-4 mill............ 9. **inustus** Gravh.

— Tête excavée en avant. — ♂, 6e sternite simple, le 7e largement échancré. — Long. 2-2,5 mill. 10. **nitidulus** Gravh.

12. Tête portant un pli longitudinal contre le bord interne des yeux. Ponctuation du pronotum apparente entre les rides, au moins sur les reliefs. Forme relativement large. — Long. 2,5-3,5 mill.......................... 13.

— Tête sans trace de pli au bord interne des yeux. Ponctuation du pronotum absolument effacée. - - Long. 1-2,3 mill.......................... 14.

13. Ponctuation de la tête et du pronotum partout très apparente. Épistome presque lisse, assez brillant. — ♂, 6e sternite simple, le 7e échancré............ 11. **intricatus** Er.

— Ponctuation de la tête et du pronotum en partie perdue dans les rides longitudinales, apparente seulement sur les reliefs. Épistome chagriné et mat comme le front. — ♂, 6e sternite transversalement impressionné et bituberculé, le 7e échancré................ 12. **complanatus** Er.

14. Épistome non ou à peine chagriné, brillant, contrastant avec le reste de la tête qui est mat. — ♂, 7e sternite profondément bisinué, le lobe médian précédé d'une dépression finement striolée et limitée en avant par une fine arête semi-circulaire...... 13. **clypeonitens** Pand.

— Épistome mat, comme le reste de la tête.............. 15.

15. Tête chagrinée, à l'exception de deux petits espaces lisses et brillants sur le vertex et des protubérances surantennaires. — ♂, 7e sternite profondément bisinué, le lobe

médian précédé d'une impression semi-circulaire limitée
de chaque côté par un pli saillant.... **speculifrons** Kr. (¹)

— Tête entièrement chagrinée, mate (²)................. 16.

16. Tibias antérieurs entiers ou à peine sinués vers le bas
de leur tranche externe. — ♂, 6ᵉ sternite simple....... 17.

— Tibias antérieurs échancrés ou fortement sinués vers le
bas de leur tranche externe. — ♂, 6ᵉ sternite diversement modifié .... 18.

17. Sillons de la tête non réunis en arc sur le front. Élytres
un peu plus longs que le pronotum. — ♂, 7ᵉ sternite
bisinué, portant vers la base une fine carène transverse.
— Long. 1,8-2,3 mill......... 18. **tetracarinatus** Block.

— Sillons de la tête réunis en arc sur le front. Élytres bien
plus longs que le pronotum. Insecte relativement peu
parallèle, atténué en avant et en arrière. — ♂, 7ᵉ sternite échancré. — Long. 1-1,3 mill... 19. **tetratoma** Czwal.

18. Pattes d'un noir de poix; genoux et tarses seuls ferrugineux .... 19.

— Pattes testacées (³); fémurs parfois rembrunis........... 20.

19. Abdomen à ponctuation obsolète. Élytres à strioles extrêmement fines et serrées, masquant à peu près complètement la ponctuation. — ♂, 6ᵉ sternite armé à son
bord postérieur de trois épines, la médiane grêle, assez
courte, les latérales bien plus longues, recourbées en de-
dans ; 7ᵉ échancré, le sommet de l'échancrure portant deux
épines rapprochées. — Long. 2-2,3 mill.. 14. **pumilus** Er.

— Abdomen à ponctuation assez forte, très nette. Élytres à
ponctuation bien apparente à travers le fond striolé. —
♂, 6ᵉ sternite portant deux petites carènes rapprochées,
séparées par un intervalle lisse; 7ᵉ échancré. — Long.
1,8-2 mill..................... 15. **Fairmairei** Pand.

(1) Littoral de la Méditerranée, de Menton à Collioure.

(2) Les espèces qui suivent sont presque impossibles à identifier d'une manière certaine sans l'examen des derniers sternites abdominaux des ♂.

(3) Ce caractère, employé ici faute de mieux, n'a pas grande valeur; chez
certains individus de l'*O. Sauleyi*, les pattes sont presque aussi foncées que
chez l'*O. Fairmairei.*

20. Abdomen presque lisse (¹). — ♂, 6ᵉ sternite portant vers
le milieu une petite carène et prolongé au milieu du
bord postérieur en une lame transversale bien visible de
profil. — Long. 1,5-2 mill............. 16. **Saulcyi** Pand.

— Abdomen nettement ponctué. — ♂, 6ᵉ sternite prolongé à
son bord postérieur en une longue épine recourbée,
très apparente de profil. — Long. 1,2-1,8 mill........
...................·.......... 17. **hamatus** Fairm.

Iᵉʳ Groupe (*Oxytelus* s. str.).

1. **O. fulvipes** Er., 1839. — Fauvel, p. 167. — Ganglb., p. 638.

Endroits humides, notamment au bord des mares dans les bois. —
RR.

Région de « Paris » (Aubé!). — Seine-et-Oise : Sᵗ-Germain (Ch. Brisout!); f. de Marly!. — Aisne : Soissons (G. de Buffévent!). — Somme :
marais de Pont-de-Metz (Carpentier). — Aube : bois de Sᵗ-André (Garnier, sec. Fauvel).

Europe septentrionale et moyenne; rare.

2. **O. rugosus** Fabr., 1775. — Fauvel, p. 165. — Ganglb., p. 636. —
sulcatus Geoffr. ap. Fourcr., 1785, Ent. Paris., p. 168, *type* : env.
de Paris. — *terrestris* Lacord., 1835, Fn. ent. Paris, I, p. 462,
type : région de Paris.

Surtout dans les endroits humides, sur la vase ou dans les détritus;
très rarement au vol. — *C.*

Tout le bassin de la Seine. — Presque toute la région paléarctique
(sauf le Nord de l'Afrique); Amérique du Nord.

3. **O. insecatus** Gravh., 1806. — Fauvel, p. 166. — Ganglb., p. 637.

Berges et atterrissements des rivières; sablières humides; souvent
en abondance dans les détritus d'inondations. — *AR.*

Presque tout le bassin de la Seine. — Presque toute l'Europe.

2ᵉ Groupe (*Caccoporus* Thoms.).

4. **O. piceus** L., 1758. — Fauvel, p. 168. — Ganglb., p. 639.

____

(1) Dans le cas où les tibias antérieurs ne pourraient être examinés, on distinguera la ♀ de l'*O. Saulcyi* de celle, presque identique, du *tetracarinatus*
par l'abdomen presque lisse et les élytres un peu plus courts.

Dans les bouses et les crottins; souvent au vol à la fin des journées chaudes. — *CC.*

Tout le bassin de la Seine. — Europe, Asie et Afrique presque entières.

3ᵉ Groupe (*Tanycraerus* Thoms.).

5. **O. laqueatus** Marsh., 1802. — Fauvel, p. 167. — Ganglb., p. 638. — *luteipennis* Er., 1839.

Surtout dans les matières végétales en décomposition. — *AR.*

Presque tout le bassin de la Seine. — Presque toute la région paléarctique; Amérique septentrionale et centrale.

4ᵉ Groupe (*Epomotylus* Thoms.).

6. **O. sculptus** Gravh., 1806. — Fauvel, p. 169. — Ganglb., p. 639.

Sous les détritus végétaux, tels que paille et foin gâtés, dans les fumiers; spécialement au voisinage des lieux habités; souvent au vol. — *AR.*

Tout le bassin de la Seine. — Espèce actuellement cosmopolite.

5ᵉ Groupe (*Anotylus* Thoms.).

7. **O. Perrisi** Fauvel, 1861. — Id., Faune gallo-rh., III, p. 169. — Ganglb., p. 640. — *maritimus* Thoms., 1861. — *Oceanus* Fauvel, 1863, in Ann. Soc. ent. Fr., [1862], p. 292, *type* : embouchure de l'Orne.

Plages maritimes, sous les algues et les détritus rejetés par le flot. — *AR.*

Somme : littoral (Carpentier). — Seine-Inférieure : Dieppe (Fauvel). — Calvados : Deauville; Merville (Fauvel).

Littoral des mers d'Europe depuis la Scandinavie jusqu'au golfe de Gascogne; Tunisie.

8. **O. sculpturatus** Gravh., 1806. — Fauvel, p. 171. — Ganglb., p. 641. — *flavipes* Lacord. 1835, Fn. ent. Paris, I, p. 464, *type* : env. de Paris.

Dans les bouses, les fumiers, les végétaux en décomposition; au vol à la fin des journées chaudes. — *CC.*

Tout le bassin de la Seine. — Europe, bassin de la Méditerranée; Asie occidentale; Cap de Bonne-Espérance.

9. O. inustus Gravh., 1806. — Fauvel, p. 170. — Ganglb., p. 640.

Comme le précédent. — *CC.*

Tout le bassin de la Seine. — Europe (sauf l'extrême nord); bassin de la Méditerranée, Asie occidentale.

10. O. nitidulus Gravh., 1802. — Fauvel, p. 171. — Ganglb., p. 642.

Comme les précédents. — *CC.*

Tout le bassin de la Seine. — Région paléarctique; Amérique du Nord.

11. O. intricatus Er., 1849. — Fauvel, p. 172. — Ganglb., p. 642.

Comme les précédents. — *RR.*

Seine-et-Marne : Fontainebleau (sec. Fauvel). — Seine-Inférieure : Elbeuf; Orival (sec. Fauvel).

Europe moyenne, bassin de la Méditerranée, Caucase, Perse.

12. O. complanatus Er., 1839. — Fauvel, p. 172. — Ganglb., p. 642.

Comme les précédents. — *C.*

Tout le bassin de la Seine. — Europe; Barbarie.

13. O. clypeonitens Pand., 1867, ap. Grenier, Matér. Fn. Fr., fasc. 2, p. 171, *type* : S'-Germain-en-Laye (Ch Brisout). — Fauvel, p. 174. — Ganglb., p. 643.

Surtout au bord des eaux, sur le sable et la vase humides; fréquemment dans les détritus d'inondations. — *R.*

Tout le bassin de la Seine. — Europe moyenne, Italie, Sardaigne; Syrie.

14. O. pumilus Er., 1839. — Fauvel, p. 173. — Ganglb., p. 644.

Espèce coprophile, capturée à Tarbes dans les fientes de porc (Pandellé) et en Autriche dans les crottins de cerf dans les bois (1). — *RR.*

Oise : Chantilly (Ch. Brisout).

Europe moyenne et méridionale, Russie, Perse; Barbarie.

15. O. Fairmairei Pand., 1867. — Fauvel, p. 175. — Ganglb., p. 644.

Découvert dans les Pyrénées dans les mousses et dans les sapins pourris (Pandellé); pris en Autriche dans les fientes de porc (1); assez

(1) Cf. Bernhauer, Dritte Folge neuer Staphyliniden aus Europa, *in Verhandl. zool. bot. Ges.*, *Wien* [1899], sep., . . 13.

commun dans les Alpes méridionales dans les prés-bois parcourus par les moutons, vers 2.000 m. d'altitude!. — *RR*.

Pas-de-Calais : dunes de Calais (A. de Norguet, sec. Fauvel). — Seine-Inférieure : St-Aubin-jouxte-Boulleng (Levoiturier, sec. Fauvel).

Régions froides et montagneuses de l'Europe moyenne.

16. **O. Saulcyi** Pand., 1867. — Fauvel, p. 17. — Ganglb., p. 644.

Découvert dans les fientes de porc et les champignons décomposés (Pandellé); sur les appâts placés à l'entrée des terriers de lapins (G. de Buffévent). — *RR*.

Aisne : Condé-sur-Aisne (G. de Buffévent!). — Somme : marais de Renancourt (Obert.) — Calvados : Fresney-le-Puceux; f. de Cinglais (Fauvel).

France, Allemagne, Autriche, Italie.

17. **O. hamatus** Fairm., 1856, Fn. Ent. Fr., I, p. 612, *type* : env. de Paris (Ch. Brisout). — Fauvel, p. 176. — Ganglb., p. 644.

Dans les fientes de porc (Pandellé); aussi dans les bouses et les crottins de moutons!. — *AC*.

Seine-et-Oise : entre les forêts de St-Germain et de Marly (Ch. Brisout). — Oise : Chantilly (Ch. Brisout). — Somme : bois de Dury (Obert.), fonds de Grâce (Carp.). — Calvados : Fresney-le-Puceux (Fauvel). — Aube : Chennegy (Polle-Deviernes, sec. Fauvel). — Hte-Marne : St-Dizier!; Gudmont!. — Côte-d'Or : Montbard (Gruardet!).

Europe moyenne; Italie.

18. **O. tetracarinatus** (¹) Block, 1799. — Fauvel, p. 176. — Ganglb., p. 644. — *depressus* Gravh., 1802, Er., etc.

Comme le *complanatus*; extrêmement abondant, plus encore autour des lieux habités que dans les endroits boisés ou non modifiés par la culture; vole en grand nombre dès la fin de l'après-midi par les journées chaudes.

Tout le bassin de la Seine. — Région paléarctique, Japon, Amérique du Nord.

19. **O. tetratoma** Czwalina, 1870. — Fauvel, p. 177. — Ganglb., p. 645. — *simplex* ‖ Pand., 1867 (*nom. praeocc.*).

Dans les fientes de porc (Pandellé).

---

(1) L'épithète de *tetracarinatus* constitue un mot hybride assez choquant (la forme correcte serait *quadricarinatus*).

Seine-Inférieure : La Londe, Orival (G. Power, sec. Fauvel).
France, Allemagne, Croatie.

38. Genre **Platystethus** (¹) Mannerh., 1831.

Syn. (pro parte) *Pyctocraerus* Thoms., 1859.

Métam. : Schiœdte in Naturhist. Tidskr., sér. 3, III [1864-65],
p. 210-211; Xambeu in Ann. Soc. Linn. Lyon., XXXVIII [1894],
p. 181-188.

Les *Platystethus* sont répandus dans toutes les parties du monde,
sauf l'Océanie; ils vivent, soit dans les matières stercoraires, soit
dans la vase ou le sable humide au bord des eaux. Leurs larves pos-
sèdent, de même que celles des *Oxytelus*, la singulière propriété de se
fixer par l'anus aux objets solides; d'après Xambeu, elles ont deux
générations par an et se nourrissent probablement de la substance
même des déjections dans lesquelles elles vivent; cette dernière asser-
tion demande confirmation.

Comme chez les *Oxytelus*, les ♂ se distinguent par le développement de la tête et diverses particularités des derniers sternites abdominaux.

Espèces Françaises.

1. Tête étranglée en arrière en forme de cou. Élytres très finement striolés longitudinalement entre les points. (*Pyctocraerus* Thoms.)..   1.

— Tête parallèle ou graduellement rétrécie en arrière, sans
   cou distinct. Élytres lisses ou réticulés entre les points
   (*Platystethus* s. str.).......................................   3.

2. Élytres très finement rebordés au bord postérieur, entièrement noirs. Sillon médian du pronotum obsolète. Ponctuation de l'avant-corps fine et très espacée. — ♂, 7ᵉ
   sternite impressionné, l'impression limitée de chaque
   côté par un pli peu saillant. — Long. 2-3 mill......
   .... * **laeve** Kiesw. (²).

— Élytres non rebordés le long du bord postérieur, d'un brun

____

(1) Ce nom générique est neutre, étant tiré du mot grec τὸ στῆϑος (la poitrine).

(2) Alpes Françaises, de la Savoie aux Alpes-Maritimes: hautes régions!.

rougeâtre au moins sur le disque. Sillon médian du pronotum profond. Ponctuation de l'avant-corps forte, irrégulière. — ♂, tête bien plus grosse; excavation de
l'épistome et sillon du vertex bien plus profonds; bord
antérieur de l'épistome armé d'une petite dent médiane;
7ᵉ sternite profondément échancré à son bord postérieur, armé d'une épine aiguë de chaque côté de l'é-
chancrure. — Long. 2,5-4 mill..... 1. **arenarium** Geoffr.

3. Fond des élytres plus ou moins alutacé entre les points. —
♂, tête très développée, au moins chez les grands individus; bord antérieur de l'épistome prolongé de chaque
côté en une épine de longueur variable; 6ᵉ sternite
portant à son bord postérieur une petite impression
semi-circulaire, le 7ᵉ marqué d'une impression longitudinale à fond lisse et bidenté à son bord postérieur..   4.

— Fond des élytres absolument lisse.....................   5.

4. Tête et pronotum légèrement alutacés, restant brillants.
Élytres testacés au moins sur le disque, couverts d'une
réticulation fine et superficielle, disposée en strioles
vers la suture. — Long. 2,5-3,5 mill.............
.... 2. **cornutum** Gravh. (s. str.).

— Tête et pronotum mats, couverts, ainsi que les élytres,
d'une réticulation grossière, bien accusée, très régulière; élytres en général entièrement noirs. — Long.
3-4 mill........... **cornutum** subsp. **alutaceum** Thoms.

5. Élytres beaucoup plus courts et plus étroits que le pronotum, atténués vers la base; insecte aptère, paraissant
étranglé au milieu. — ♂, 7ᵉ sternite impressionné,
l'impression limitée de chaque côté par un pli saillant et
légèrement carinulée au milieu. — Long. 2,5 mill......
.... * **Burlei** Ch. Bris. (¹)

— Élytres à peu près de la longueur et de la largeur du pronotum; corps subparallèle; insecte ailé.............   6.

6. Élytres non rebordés le long du bord postérieur. Insecte
très brillant, à ponctuation rare et fine. — ♂, épistome
armé de deux longues épines à son bord antérieur;

____

(1) Zone alpine des Hautes-Alpes et Basses-Alpes.

6ᵉ sternite sinué, le 7ᵉ impressionné et bidenté. —
— Long. 3,5-4 mill.................... **3. spinosum** Er.

— Élytres rebordés le long du bord postérieur. — Long. 1,5-
3 mill.............................. **7.**

7. Avant-corps à ponctuation très forte, dense, devenant ruguleuse et confluente sur les côtés de la tête et du pronotum ; pubescence bien apparente. — ♂, 7ᵉ sternite
biépineux au bord postérieur. — Long. 2,5-3 mill....
.... **4. capito** Heer.

— Avant-corps glabre, à ponctuation nullement ruguleuse... **8.**

8. Pronotum et élytres à ponctuation forte, assez dense. Pronotum court, très transverse, fortement arrondi en
arrière, presque semi-circulaire. Strie juxtasuturale
profonde. — ♂, 7ᵉ sternite bicarinulé. — Long. 2,5-
2,8 mill...................:.... **5. nodifrons** Sahlb.

— Pronotum et élytres à ponctuation médiocre ou fine, très
espacée. Pronotum médiocrement transverse. Strie juxtasuturale superficielle. — ♂, 7ᵉ sternite impressionné,
bidenticulé au bord postérieur et relevé en pli de chaque
côté de l'impression. — Long. 1,5-3 mill... **6. nitens** Sahlb.

1ᵉʳ Groupe (*Pyctocraerus* Thoms.).

1. **P. arenarium** Geoff. ap. Fourcr. (¹), 1785, Ent. paris. p. 172,
type : env. de Paris (veris.). — Fauvel, p. 179. — Ganglb., p. 630.
— *morsitans* Payk., 1792, Er. — *striolatum* Lac., 1835, Fn. ent.
Paris, I, p. 460, *type* : env. de Paris.

Dans les bouses et les fumiers ; souvent au vol à la fin de la journée.
— CC.

Tout le bassin de la Seine. — Europe ; Nord de l'Afrique, très
rare.

2ᵉ Groupe (*Platystethus* s. str.)

2. **P. cornutum** Grahv., 1802.
α) subsp. *cornutum* s. str. — Fauvel, p. 180. — Ganglb.. p. 631.
Sur la vase et la terre humide au bord des eaux. — CC.

(1) La description laconique de l'*Entomologia parisiensis* : « *S. ater, ely-
tris in medio flavescentibus* » convient aussi bien au *P. cornutum* Gravh. ;
le nom d'*arenarium* s'appliquerait même mieux à cette dernière espèce.

Tout le bassin de la Seine. — Europe; Nord de l'Afrique; Asie presque entière.

3) subsp. *alutaceum* Thoms., 1861. — Fauvel, p. 180. — Ganglb., p. 631.

Comme le précédent. — *R.*

Presque tout le bassin de la Seine, surtout vers l'ouest. — Presque toute l'Europe; Barbarie; Madère.

3. **P. spinosum** Er., 1840. — Fauvel, p. 182. — Ganglb., p. 632.

Sur la vase au bord des eaux; parfois aussi dans les bouses. — *R.*

Presque tout le bassin de la Seine. — Europe centrale et méridionale; Nord de l'Afrique; Asie occidentale et centrale.

4. **P. capito** Heer, 1839. — Fauvel, p. 182. — Ganglb., p. 631.

Sur la vase ou le sable humide au bord des eaux, dans les sablières ou sur les sentiers des bois. — *R.*

Seine-et-Oise : St-Germain, Marly (Ch. Brisout!). — Oise : Ivry-le-Temple (Carp.). — Seine-Inférieure : La Londe (Fauvel); St-Aubin-jouxte-Boulleng (Levoiturier, sec. Fauvel). — Calvados : monts d'É-raines (Fauvel). — Somme : Renancourt; bois de Creuse (Obert). — [Pas-de-Calais : Calais (Aubé)].

Finlande, Europe moyenne, Italie, Corse, Barbarie; Sibérie occidentale, Turkestan, Caspienne.

5. **P. nodifrons** Sahlb., 1827. — Fauvel, p. 183. — Ganglb., p. 632.

Sur la vase au bord des eaux. — *RR.*

Env. de Paris (sec. Fauvel). — Seine-Inférieure : Rouen, bords de la Seine (Fauvel).

Europe septentrionale et moyenne; Alpes-Maritimes, zone alpine!.

6. **P. nitens** Sahlb., 1827. — Fauvel, p. 184. — Ganglb., p. 632.

Comme le précédent. — *AC.*

Presque tout le bassin de la Seine. — Région paléarctique; bassin de la Méditerranée; îles de l'Atlantique.

39. Genre **Bledius** Mannh., 1831.

Syn. (pro parte) *Hesperophilus* Steph., 1835. — *Astycops* Thoms., 1859. — *Tadunus, Bargus* Schiœdte, 1865.

Mélam. : Schiœdte in Naturhist. Tidskr., III [1864-65], p. 211. — Fauvel, Faune gallo-rh., III, 1er Suppl., p. 18.

Genre nombreux, réparti à peu près sur tout le globe et remarquable par certains détails d'organisation correspondant à des mœurs fouisseuses, en particulier par le développement du pédoncule mésothoracique, d'où résulte une grande mobilité du prothorax par rapport au reste du corps.

Les *Bledius* vivent dans le sable ou l'argile humide, le plus souvent au bord des eaux, quelquefois dans le sol des sentiers battus ou les talus des sablières et des exploitations d'argile; ils s'y creusent des galeries dans lesquelles on rencontre parfois, en même temps que l'insecte parfait, les larves à divers degrés de développement; l'existence de ces galeries est ordinairement décelée par la présence de légers déblais remontés à la surface du sol. Les *Bledius*, ainsi que leurs larves, sont poursuivis et attaqués par les *Dyschirius*. Ils sortent de leurs galeries au déclin du jour et volent souvent en grand nombre à la fin des belles journées de printemps ou d'été. Quand on les saisit, ils exhalent une odeur musquée très prononcée.

Chez les ♂, la tête et le pronotum sont parfois armés de cornes, et les derniers sternites abdominaux diversement modifiés; chez les ♀, le 7ᵉ sternite est prolongé en angle obtus sur le milieu de son bord postérieur comme chez les autres *Oxytelini*.

Espèces.

1. Épistome relevé en gouttière sur les côtés.............. **2.**

— Épistome absolument plan......................... **3.**

2. Bord antérieur de l'épistome relevé en gouttière comme les côtés. Tibias postérieurs munis vers l'extrémité de leur tranche externe de quatre spinules redressées. Élytres noirs (type) ou d'un testacé ferrugineux avec une tache scutellaire rembrunie (var. *Skrimshirei* Steph.). — Tête armée de chaque côté, au-dessus des insertions antennaires, d'une longue corne verticale chez le ♂, d'une lamelle courte et tronquée chez la ♀; bord antérieur du pronotum prolongé chez le ♂ en une longue corne horizontale spiniforme (*Bledius* s. str.). — Long. 5,5-7 mill.
.... **1. furcatus** Ol.

— Bord antérieur de l'épistome plan. Tibias postérieurs munis à l'extrémité de leur tranche externe d'une seule spinule redressée. Élytres en général testacés avec une large bande suturale noire. — Saillie surantennaire di-

latée en une épine triangulaire et comprimée chez le ♂,
en une courte oreillette anguleuse chez la ♀; bord antérieur inerme et simplement épaissi chez le ♂ (*Elbidus*
Rey). — Long. 5-6 mill............. .... **2. bicornis** Germ.

3. Tranche externe des tibias postérieurs munie à l'extrémité
d'une forte spinule redressée presque perpendiculaire
au tibia (¹). Bord antérieur du pronotum prolongé chez
le ♂ en une longue corne horizontale spiniforme (*Ble-*
dius s. str.).. **4.**

— Tranche externe des tibias postérieurs soit simplement
ciliée, soit garnie sur sa seconde moitié de quelques
spinules obliques à peu près parallèles à la ciliation.
Bord antérieur du pronotum inerme dans les deux sexes.   **7.**

4. Long. 3,5-4,5 mill. — Élytres noirs ou bruns. Tête (yeux
compris) à peu près aussi large que le pronotum......
.... **3. unicornis** Germ.

— Long. 5,5-8 mill. — Élytres d'un rouge plus ou moins vif
avec la région scutellaire souvent obscurcie. Tête (yeux
compris) bien moins large que le pronotum.........   **5.**

5. Pronotum à ponctuation peu serrée, irrégulière, offrant
des espaces bossués et imponctués le long du sillon médian et sur les côtés du disque. Élytres d'un rouge de
sang; région scutellaire étroitement rembrunie. — ♂,
saillie surantennaire courte, en oreillette anguleuse....
.... **4. spectabilis** Kr.

— Pronotum à ponctuation serrée, régulière, n'offrant d'espaces imponctués que le long du sillon médian.........   **6.**

6. Élytres d'un rouge vif; tache scutellaire triangulaire, pro
longée jusqu'aux deux tiers postérieure et généralement
bien nette. — ♂, saillie surantennaire prolongée en une
corne assez longue; épine du pronotum presque toujours canaliculée.................... **5. tricornis** Herbst.

— Élytres d'un rouge assez foncé; tache scutellaire plus
courte et mal accusée. — ♂, saillie surantennaire courte,

(1) Chez le *B.* (*Astycops*) *talpa* Gyllh., espèce boréale étrangère à la France,
la tranche externe des tibias postérieurs présente à l'extrémité une spinule
cornée analogue à celle du *B. tricornis* et à peine plus oblique.

en dent anguleuse; épine du pronotum rarement canaliculée............................... *Graëllsi Fauvel ([1]).

7. Antennes subfiliformes, à peine épaissies vers l'extrémité;
articles 7 à 10 égaux en longueur et en largeur. Labre
bilobé (*Astycops* Thoms.). Côtés du pronotum obliquement coupés à partir du tiers postérieur; rebord latéral
très infléchi, absolument invisible de haut. Insecte étroit,
cylindrique, entièrement noir; pattes et antennes en
grande partie foncées; élytres couverts d'une pubescence
d'un gris jaunâtre, courte, dressée, très apparente. —
Long. 3,5-4,5 mill..................... 7. **morio** Heer ([2]).

— Antennes subclaviformes, à funicule grêle, s'épaississant
vers l'extrémité.............................. 8.

8. Pronotum très transverse, brusquement étranglé vers le
quart ou le cinquième à partir de la base ([3]); lobe basal
à peine plus large que la moitié de la largeur maximum.
Antennes épaissies sans transition à partir du 9e article,
les trois derniers formant ainsi une sorte de massue
terminale. Mandibules grêles. Labre entier (*Hesperophilus* Thoms.). Élytres noirs, largement tachés de
jaune à l'angle apical externe (ou entièrement jaunes,
sauf à l'extrême base). — Long. 3 - 3,3 mill..........
.... 6. **arenarius** Payk.

— Pronotum en général non ou peu transverse, parfois assez
fortement rétréci en arrière ou sinué sur les côtés en
avant des angles postérieurs, mais jamais brusquement
étranglé avant la base............................. 9.

9. Ligne médiane du pronotum marquée d'un sillon longitudinal bien net..................................... 10.

— Ligne médiane du pronotum simplement imponctuée ([4]).
Élytres au moins en partie rouges ou testacés........ 20.

([1]) Littoral de la France méridionale et occidentale jusqu'à Morlaix.
([2]) Syn. *hispidulus* Fairm.
([3]) Ce caractère, très frappant chez nos indi idus des côtes de la Manche,
est extrêmement atténué chez la race méditerranéenne *minor* Rey, d'ailleurs
très distincte du type par son aspect brillant et son système de coloration un
peu différent.
([4]) Chez le *B. pusillus*, la ligne médiane, normalement unie, porte souvent
un sillon assez visible.

10. Angles postérieurs du pronotum droits ou obtus, mais
    bien marqués...................................... 11.

— Angles postérieurs du pronotum largement arrondis au
    sommet ou tout à fait effacés...................... 16.

11. Tête et pronotum très superficiellement chagrinés, bril-
    lants. Élytres d'un rouge vif, assez courts. Antennes
    entièrement rousses. — Long. 3-3,5 mill. **12. longulus** Er.

— Tête et pronotum fortement chagrinés ou alutacés, mats. 12.

12. Ponctuation du pronotum serrée, ombiliquée, pas très
    profonde. Tête sans sillon transversal en arrière des
    yeux. Antennes entièrement rousses. Élytres d'un brun
    marron; insecte étroit, subcylindrique. — Long. 3-
    3,5 mill...................... **22. defensus** Fauvel.

— Ponctuation du pronotum peu serrée, celle des élytres assez
    fine. — Long. 4-4,5 mill............................ 13.

13. Labre bilobé. Tête sans sillon transversal. Élytres entière-
    ment noirs, amples, aussi longs que la tête et le prono-
    tum réunis...................... **8. subterraneus** Er.

— Labre entier ou légèrement sinué. Front séparé du vertex
    par un sillon transversal allant d'un œil à l'autre. Ély-
    tres moins longs que la tête et le pronotum réunis..... 14.

14. Élytres entièrement noirs ou d'un brun foncé. Angles pos-
    térieurs du pronotum presque droits. Sillon de la tête
    peu profond...................... **9. pallipes** Gravh.

— Élytres au moins en partie testacés. Angles postérieurs du
    pronotum en général franchement obtus. Sillon de la
    tête très net.................................... 15.

15. Côtés du pronotum presque parallèles en avant, légèrement
    sinués avant les angles postérieurs qui sont bien mar-
    qués. Coloration normale : élytres testacés avec une
    large bande suturale rembrunie.... **10. denticollis** Fauvel.

— Côtés du pronotum fortement convergents en avant, et ré-
    trécis en arrière en courbe régulière jusqu'aux angles
    postérieurs; ceux-ci très obtus et à peine perceptibles.
    Coloration normale : élytres testacés, souvent rembru-
    nis autour de l'écusson.............. [**11. opacus** Block].

16. Front séparé du vertex par un sillon transversal assez net,

allant d'un œil à l'autre. Tête, yeux compris, bien
moins large que le bord antérieur du pronotum ; celui-ci
éparsement ponctué, évidemment plus large que long et
visiblement atténué en avant. Élytres d'un testacé rougeâtre, souvent rembrunis autour de l'écusson. —
Long. 3,5-4,5 mill..................... **11. opacus** Block.

— Tête sans trace de sillon transversal, aussi large ou presque
aussi large, yeux compris, que le bord antérieur du pronotum ; celui-ci non transverse, ses côtés parallèles sur
leur moitié antérieure............................. **17.**

17. Ponctuation du pronotum très éparse, au moins sur le disque, sur fond très finement chagriné, brillant. Insecte
de petite taille, noir, avec le pronotum souvent roussâtre
et les élytres d'un testacé clair, rembrunis sur la suture.
— Long. 2,5-3,3 mill...........:... **13. atricapillus** Germ.

— Ponctuation du pronotum un peu ocellée, assez régulière,
assez serrée, sur fond peu brillant ou très mat. Élytres
rouge-brique ou d'un brun plus ou moins foncé....... **18.**

18. Élytres pas plus longs et pas plus larges que le pronotum,
constamment rouge-brique. Pronotum tout à fait mat ;
rebord latéral extrêmement fin, peu visible. — Long.
3,5 mill........................... **16. procerulus** Er.

— Élytres plus longs et plus larges que le pronotum. Celui-ci
pas tout à fait mat ; rebord latéral fin, mais bien accusé. **19.**

19. Antennes ferrugineuses, au moins à la base. Ponctuation
des élytres médiocre. Élytres variant du brun foncé
(type) au rouge testacé (var. *elongatus* Mannh.). — ♂,
bord postérieur du 6ᵉ sternite simplement membraneux.
— Long. 3,5-4,2 mill............... **20. fracticornis** Er.

— Antennes entièrement rembrunies. Ponctuation des élytres
très forte, profonde. Élytres constamment d'un brun
marron. — ♂, bord postérieur du 6ᵉ sternite membraneux, la partie membraneuse limitée de chaque côté
par un denticule aigu. — Long. 3,5 mill. **21. femoralis** Gyllh.

20. Fond du pronotum lisse ou très superficiellement chagriné, brillant ; angles postérieurs arrondis ou très obtus.
— ♂, bord postérieur du 6ᵉ sternite membraneux, la
partie membraneuse limitée de chaque côté par une
épine aiguë.. **21**

— Fond du pronotum très densément alutacé, absolument
    mat; angles postérieurs bien accusés. — ♂, bord posté-
    rieur du 6ᵉ sternite sans épines...................... 23

21. Élytres à peine plus longs et pas plus larges que le prono-
    tum. Ponctuation du pronotum serrée, sur fond légère-
    ment chagriné. — ♂, épines du 6ᵉ sternite courtes, trian-
    gulaires. — Long. 3,3-4 mill........ 17. **crassicollis** Lac.

— Élytres sensiblement plus longs et plus larges que le pro-
    tum... 22.

22. Ponctuation du pronotum éparse, irrégulière, sur fond poli,
    très brillant. Élytres d'un rouge vif, à peine rembrunis
    autour de l'écusson. — ♂, épines du 6ᵉ sternite courtes,
    triangulaires. — Long. 3,5-4,5 mill.. 18. **cribricollis** Heer.

— Ponctuation du pronotum serrée, régulière, sur fond pres-
    que toujours un peu chagriné. Élytres (relativement
    longs) en général très largement rembrunis sur la suture,
    n'ayant parfois qu'une étroite bande latérale ferrugineuse
    (var. *nigricans* Er.). — ♂, épines du 6ᵉ sternite longues,
    grêles, recourbées. — Long. 3,5-4 mill.. 19. **dissimilis** Er.

23. Élytres plus longs que le pronotum. Celui-ci avec un re-
    bord latéral bien visible et des angles postérieurs droits.
    — Long. 3,5-4 mill................... * **erraticus** Er. (¹).

— Élytres pas plus longs que le pronotum. Celui-ci avec
    un rebord latéral extrêmement fin, à peine visible, et
    des angles postérieurs obtus. Abdomen fortement atté-
    nué vers la base................................. 24.

24. Élytres (normalement d'un brun marron) densément ponc-
    tués. — Long. 2,5-3 mill.............. 14. **Baudii** Fauvel.

— Élytres (normalement d'un rouge clair) à ponctuation très
    éparse. — Long. 2-2,5 mill............. 15. **pusillus** Er.

1ᵉʳ Groupe (*Bledius* s. str., *Elbidus* Rey).

1. B. **furcatus** Oliv., 1811. — Gangl., p. 615. — *taurus* Germ.,
    1832. — Fauvel, p. 190.

(1) Commun à Lyon et dans le Dauphiné.

Estuaires des fleuves côtiers, marais salants, dunes, etc., dans les vases maritimes ou le sable au bord des eaux saumâtres. — *RR.*

Pas-de-Calais : [Dunkerque, Calais (A. de Norguet).]

Sud de l'Angleterre, Europe moyenne et méridionale, Barbarie, Égypte, Syrie, Caucase.

2. B. bicornis Germ., 1822. — Fauvel, p. 191. — Ganglb., p. 617.

Comme le précédent. — *RR.*

Pas-de-Calais : [Calais (Lethierry, sec. Fauvel)]. — Somme : dunes de la Somme (sec. Fauvel). — Manche : [Lingreville; baie du Mont-St Michel (Fauvel)].

Sud de l'Angleterre, Europe moyenne et méridionale, Algérie, Orient, Turkestan.

3. B. unicornis Germ., 183?. — Fauvel, p. 192. — Ganglb., p. 616.

Comme les précédents. — *C.*

Littoral du Pas-de-Calais et de la Somme, Dieppe, Le Havre et littoral du Calvados.

Angleterre, Europe moyenne et méridionale, Orient; Canaries, nord de l'Afrique jusqu'à l'Érythrée et au Sénégal.

4. B. spectabilis Kraatz, 1858. — Fauvel, p. 195. — Ganglb., p. 616.

Comme les précédents. — *AC.*

Pas-de-Calais : [Calais (Lethierry, sec. Fauvel)]. — Somme : tout le littoral, commun (Carpentier). — Seine-Inférieure : Dieppe (Mocquerys, sec. Fauvel). — Calvados : commun (Fauvel).

Europe, Barbarie, Orient, Caucase, Perse.

5. B. tricornis Herbst, 1784. — Fauvel, p. 193. — Ganglb., p. 615.

Comme les précédents; aussi en dehors de la zone maritime; assez souvent sur les sentiers battus, en terrain sablonneux et frais. — *AR.*

Seine et Seine-et-Oise : ferme du Petit-Drancy près Aubervilliers (Roguier!); St-Germain (Ch. Brisout!), Versailles (A. Dubois!) entre les pavés d'une cour; Le Perray (Ph. Grouvelle), La Ferté-Alais (Bedel!). — Aube sec. Fauvel). — Somme : baie d'Authie (Carpentier); Cayeux (Delaby); Le Crotoy (coll. Nugue!); St-Valery-sur-Somme (Linder, sec. Fauvel). — Seine-Inférieure : Dieppe (Fauvel); Le Havre!.—Calvados : Trouville (Ch. Brisout!); Caen; Vasouy (Fauvel).

2e Groupe (*Hesperophilus* Thoms.)

6. B. arenarius Payk., 1800. — Fauvel, p. 197. — Ganglb., p. 624.

Côtes sablonneuses, dans les sables maritimes; fréquente parfois les bancs de sable recouverts par les très hautes marées. — *AC.*

Pas-de-Calais : Wimereux (F. Picard). — Somme : littoral (Obert, Delaby). — Calvados : Sallenelles (Fauvel).

Littoral des mers d'Europe depuis la Baltique jusqu'à la Provence et à l'Italie; Maroc; Tunisie; Caspienne.

3e Groupe (*Astycops* Thoms., Rey).

7. B. morio Heer, 1839. — Fauvel in Rev. d'Ent. [1902], p. 72 (*syn.*). — *hispidulus* Fairm. Faune Ent. Fr., I, p. 601, *types* : Compiègne, Fontainebleau. — Fauvel, p. 199. — Ganglb., p. 624.

Dans le sable fin et pur, au bord des rivières et des étangs côtiers surtout; parfois aussi près des sources ferrugineuses. — *RR.*

Seine-et-Marne : Fontainebleau (Fairmaire). — Oise : Compiègne, bords du rû de Berne (Ch. Brisout!).

Suisse; France, surtout vers le sud-ouest, Espagne, Portugal, Algérie.

4e Groupe (*Blediodes* Rey).

8. B. subterraneus Er., 1839. — Fauvel, p. 200. — Ganglb., p. 624.

Bords des rivières, dans le sable fin. — *AC.*

Seine-et-Oise : Le Pecq!, Marly!, etc. — Seine-Inférieure : Rouen, Gd-Quevilly (Levoiturier, sec. Fauvel). — Eure : Pont-de-l'Arche (Régimbart!); Romilly-sur-Andelle (Power, sec. Fauvel); Les Andelys (Fauvel). — Aisne : Braisne (Scalabre!). — Hᵗᵉ-Marne : La Neuville-au-Pont, Moëslains, bords de la Marne, très commun! — Yonne : Sᵗ-Florentin (La Brûlerie, sec. Fauvel).

Europe septentrionale et moyenne (sauf l'extrême nord).

9. B. pallipes Gravh., 1906. — Fauvel, p. 201. — Ganglb., p. 618.

Comme le précédent; aussi dans les sablières. — *AC.*

Seine-et-Oise : Bonnières, bords de la Seine (Bedel!) — Eure : bords de la Seine (Régimbart!); Épaignes (Degors); Romilly-sur-Andelle; Courteilles (Power, sec. Fauvel). — Seine-Inférieure : Elbeuf (Levoiturier, sec. Fauvel). — Calvados : Troarn, bords de la Dives (Fau-

vel). — Oise : Beauvais!. — Somme : Le Crotoy (Fairmaire), St-Valery-
sur-Somme (Delaby), dunes de Quend (Carpentier). — H^{te}-Marne :
Eclaron, bords de la Blaise!.
Europe septentrionale et moyenne.

10. B. denticollis Fauvel, 1872. — Fauvel, p. 202. — Ganglb.,
p. 648.

Comme les précédents. — *R.*
Seine-Inférieure : Rouen (Fauvel), Elbeuf (Levoiturier, sec. Fauvel).
— Calvados : Roques près Lisieux (Fauvel). — H^{te}-Marne : La Neu-
ville-au-Pont, bords de la Marne!.
Europe moyenne, Finlande, Russie, Caucase, Sibérie.

11. B. opacus Block, 1799. — Fauvel, p. 204. — Ganglb., 619.

Dans le sable et la vase humide, dans des conditions très variées;
vole souvent en abondance au coucher du soleil.
Presque tout le bassin de la Seine; commun dans les parties sablonneuses et le long des grands cours d'eau ; rare, comme tous les *Bledius*,
sur les plateaux crayeux ou jurassiques.
Europe; Barbarie; Amérique du Nord.

12. B. longulus Er., 1839. — Fauvel, p. 207. — Ganglb., p. 619.

Surtout dans les talus des sablières et des carrières d'argile; plus ra-
rement au bord des eaux. — *AR.*
Seine et Seine-et-Oise : Fontenay-aux-Roses!; Meudon, Buc
(Fairmaire), Marly, St-Germain (Ch. Brisout!). — Seine-Inférieure :
Dieppe, falaises argileuses (Bedel!); Elbeuf (Levoiturier, sec. Fauvel). —
Calvados : St-Julien-sur-Calonne (Fauvel). — Somme : Mers (Colin);
St-Valery-sur-Somme (Delaby) : Amiens (Carpentier). — Aisne : Sois-
sons (G. de Buffévent!). — Marne : Chenay (Bellevoye!). — H^{te}-Marne :
La Neuville-au-Pont!.
Europe moyenne.

13. B. atricapillus Germ., 183?. — Fauvel, p. 203. — Ganglb.,
p. 619. — *nanus* Er., 1840.

Comme le précédent. — *AC.*
Seine et Seine-et-Oise : commun, notamment à Fontenay-aux-Roses!. — Eure : Pacy-sur-Eure (Bedel, sec. Fauvel). — Calvados
(falaises argileuses) : Honfleur; Villerville; entre Luc et Lion-sur-Mer
(Fauvel). — Somme (falaises) : St-Valery-sur-Somme ; Cottenchy

(Carpentier). — Aisne : Soissons (G. de Bullévent!). — Marne : Jonchery (Bellevoye!).

Presque toute la région paléarctique, jusqu'en Chine.

14. B. Baudii Fauvel, 1872, Fn. gallo-rh., III, p. 205, *types* : diverses localités, dont Merville dans le Calvados. — Ganglb., p. 623.

Surtout au bord des torrents dans les pays de montagnes; parfois dans les dunes ou sur les falaises argilo-siliceuse ⁽¹⁾). — *RR.*

Calvados : Merville (Fauvel).

France, Allemagne, Piémont.

15. B. pusillus Er., 1839. — Ganglb., p. 623. — *pygmaeus* Fauvel, p. 205 (non Er.).

Dans les sablières et les sentiers des bois. — *RR.* — Non signalé en dehors des sables tertiaires du fond du bassin parisien.

Seine-et-Oise : Le Vésinet, St-Germain, Triel (Ch. Brisout.!); Bouray (Bedel!). — Seine-et-Marne : Fontainebleau (Bonnaire!). — Oise : Compiègne (Bedel!). — Marne : Châlons-sur-Vesle (Lajoye!).

France, Allemagne, Autriche.

16. B. procerulus Er., 1840. — Fauvel, p. 208. — Ganglb., p. 624.

Comme le précédent et parfois avec lui. — *R.*

Région de « Paris » (Aubé). — Seine-et-Marne : forêt de Fontainebleau, parfois en abondance sur les bas-côtés de la route de Paris (Bedel!, Gruardet!). — Seine-Inférieure : Dieppe (Power, sec. Fauvel). — Somme : Amiens (Carpentier).

Europe moyenne.

17. B. crassicollis Lac., Faune ent. Paris, I, p. 456, *type* : env. de Paris. — Fauvel, p. 208. — Ganglb., 624.

Sables de rivières, sablières, mares des dunes, fossés argileux, etc. — *AC.*

Seine-et-Oise : Mareil-Marly, St-Germain, Le Pecq (Ch. Brisout!). — Seine-Inférieure : Rouen (Fauvel), Elbeuf (Levoiturier, sec. Fauvel). — Somme : dunes de Somme (Delaby); bords de la Somme à Pont-de-Metz (Carpentier). — Marne : Germaine (Lajoye!); Muizon (Bellevoye!). — Hte-Marne : La Neuville-au-Pont!. — Meuse : Baudonvilliers!.

Europe septentrionale et moyenne.

(1) Je l'ai pris dans ces conditions à St-Jean-de-Luz (Basses-Pyrénées).

TYPOGRAPHIE FIRMIN-DIDOT ET Cie. — PARIS.